U0185317

The Principle of Reciprocity
Winning Strategies in Economic Life

互惠的／博弈

经济生活中的
制胜策略

王付有
Wang Fuyou

著

中国工人出版社

图书在版编目（CIP）数据

互惠的博弈：经济生活中的制胜策略 / 王付有著. —北京：
中国工人出版社，2020.6
ISBN 978-7-5008-7419-5

Ⅰ. ①互… Ⅱ. ①王… Ⅲ. ①博弈论—普及读物 Ⅳ. ①O225-49

中国版本图书馆CIP数据核字（2020）第091836号

互惠的博弈——经济生活中的制胜策略

出 版 人	王娇萍
责任编辑	左 鹏 刘 苪 孟 阳
出版发行	中国工人出版社
地　　址	北京市东城区鼓楼外大街45号　邮编：100120
网　　址	http://www.wp-china.com
电　　话	（010）62005043（总编室）　（010）62005039（印制管理中心）
发行热线	（010）62005996　82029051
经　　销	各地书店
印　　刷	北京市密东印刷有限公司
开　　本	660毫米×960毫米　1/16
印　　张	13.25
字　　数	210千字
版　　次	2020年7月第1版　2021年1月第2次印刷
定　　价	58.00元

目　录————

改变自己的策略

在日常生活中，当你在超市里挑选完自己需要的商品，到前台结账或者在银行柜台前办理业务，你会经常发现此时早已排着一条条长长的队伍。

那么，你会选择排到哪一条队伍后面呢？是人数最少的那一队，还是顾客采购的商品数量最少的那一队？抑或是顾客年龄偏小的那一队呢？

当你需要这样去做衡量、思考和做决策时，一场经济生活中的博弈便开始了。用最少的时间完成结账或业务办理的方法，便是你所采取的博弈策略。

有句名言说道："这个世界上没有永远的朋友，也没有永远的敌人，只有永恒不变的利益！"

通过了解博弈的智慧，你会发现，其实这个世界上不但没有永远的朋友，没有永远的敌人，更没有什么永恒不变的利益，有的只是永恒的策略。

这也就是说，策略才是决定博弈结果的关键。

我接触过很多职场人，当他们接到很多 offer 的时候，内心便开始翻腾，不断在思考到底该选择哪个 offer 呢。其实，这些在自己内心的博弈，可以通过多维度的分析，用最好的策略做出选择。这也是博弈，是自己与内心的博弈。

对我们大多数人来说，如果想要获得成功，就必须学习博弈论的思维方式，用博弈论的思想取代斗争思维。

其实，在我们的日常经济生活中，需要用到博弈知识的地方非常多。小到在超市买东西，大到一个国家的经济发展战略，每一次决定都是众多思维和策略的碰撞、选择后的结果。

每一场博弈中都存在很多策略，有好的，也有差的。这些策略相互依存，相互制约。人们不仅要根据自己的实际情况来制定策略，还必须考虑他人所使用的策略来及时调整、改变自己的策略。

而无论如何，博弈的最终目的就是实现己方或者各方的"利益最大化"。本书以博弈论的知识为基础，结合相关经济学、心理学、行为学的理论，并举出了大量的案例，详细地介绍了人们在日常经济生活中可能遇到的博弈场景，从本质上为大家介绍了博弈的原理和制胜的策略，旨在引导人们通过阅读本书，学会反观经济现象，能够在经济生活中做到识别他人的操控，在谈判和合作中实现互利共赢，掌控全局。

第一章 /

"心时代"的
博弈运用

个人理性与集体非理性交织的囚徒困境

我们时常以为，很多问题只要将每一个细节都考虑进去，把所有可能发生的状况都提前预判，那么基本上就能做到万无一失。但事实上，即便我们真的做到了谨慎全面，很多事情仍然无法完全被掌控。因为每个人都是独立的个体，我们可以控制自己的思想和行为，却无法控制其他人。因此在集体当中，时常发生非理性的选择。博弈学中有一个十分著名的理论，叫作"囚徒困境"，就十分清楚地解释了这种情况。

一位富商被人发现死在了自己的家中，警方经过调查后，锁定了两位嫌疑人——杰克和亚当，因为有证人称曾经看到他们两个从富商的家里出来过，而且神色慌乱。警方还从二人的家里搜查出了富商失窃的部分财物。然而，二人被拘留以后，杰克和亚当均声称自己和富商的死没有关系，只是顺道行窃罢了。为了查明真相，警方将二人隔离审讯。

"我们很肯定凶手就是你们两个，虽然你们都不承认，但我们迟早会拿到充分的证据来证明你们的罪行。如果你们都承认杀人的话，你们每个人都会被判八年；如果你们之中有一个现在坦白，而另一个拒不承认，我们将以主动自首和立功为由将承认罪行的人立即释放，而另一个则会被判十年；当然，如果你们都不坦白的话，可能每个人都会以盗窃罪被判一年，至于如何选择，你们最好想清楚。"警方对亚当说道，而面对杰克时，警方也是这般说辞。

在这种情况下，可能有的人会认为对于亚当和杰克来说，最好的结局莫过于拒不承认杀人罪行，这样每个人都只需被判一年就可以了，但是结果真的是这样的吗？事实上，亚当和杰克最终都选择了坦白，最后每个人都被判了八年。

那么，明明对于二人而言，都不坦白才是最优策略，都坦白是最差策略，为什么二人还会作出如此愚蠢、不理性的选择呢？这是因为二人都无法预知对方是否会将自己供出，所以对于己方而言，主动将对方供出便成了最优策略。这种个体的理性选择换来的却是两败俱伤的最差结果，即集体的非理性。这体现的便是个体利益同集体利益之间的矛盾——若个体利益一味追求最大化，那么往往无法实现集体利益的最大化，甚至还可能得到最差的结局。

其实，在实际生活中，我们经常会遇到"囚徒困境"，只不过很多时候是我们自己走入了这种困境，而有时则是千方百计要让对手陷入这种困境。

讲一个古代的小故事，在某地一座寺庙中的和尚们众口一词控告主事僧将一块金子私自据为己有，而这块金子则是一位施主捐赠给寺庙作修缮庙宇用的，历任主事僧在交接之时都会将这块金子记在账上，但是现在这块金子居然不翼而飞了，所以和尚们一致怀疑是主事僧贪污了这块金子，要求官府彻查。主审官员对主事僧进行了审讯，发现主事僧虽然承认将金子据为己有，但始终无法说出金子的具体下落，而且这位主事僧平日里为人宽容敦厚，根本不像是奸佞狗盗之辈。为了彻底查明真相，一天夜里，主审官员又来到狱中看望主事僧。这时，主事僧方才告诉官员，他其实从未见过其他和尚所说的"金子",他们不过是想一起将自己排挤走,所以故意编造了一本假账使自己含冤莫辩。得知真相的官员灵机一动,计上心来。第二天,他将寺庙中的历任主事僧全部召集到了衙门,并分别带进不同的房间,然后发给他们每人一块黄泥,要求他们将自己见到的金子的形状捏出来。因为这块金子原本就是子虚乌有,哪个主事僧会真的知道它的形状呢?所以,案件的真相立刻就不言自明了。

在这个故事中,主审官员通过刻意制造不平等信息,为历任主事僧设计出一个绝妙的"困境",轻松瓦解了他们原本的合作关系,从而实现了查明案件真相的目的,而这也恰恰说明了"囚徒困境"其实是一把双刃剑,一旦己方深陷其中会变得非常被动,但如果能够利用现实中的各种因素,设计出让对手为难的"囚徒困境",就可以扭转局势,一举制胜。

再以美国1971年的禁烟运动为例。有钱有势的烟草企业一向只以利益为唯一目标,面对国会通过的禁止在电视上投放烟草类广告的法案,他们正常的反应应该是千方百计向国会施压,阻止这项法案的通过。但令人不解的是,这些烟草企业表现得相当平静,甚至还有些欢迎这项法案的出台。原来,20世纪60年代的时候,美国的烟草行业竞争十分激烈,各个烟草公司纷纷想尽办法为自己宣传造势,而宣传方式当然也包括了在电视上投放大量广告。但是,巨额的广告费不是一笔小的开支,它将使企业的利润大打折扣。即使如此,各大烟草企业的广告竞争还是愈演愈烈,因为他们已经陷入了一种"囚徒困境":如果一家烟草企业选择放弃做广告,其他烟草企业却继续,那么放弃做广告的这家烟草企业的市场很有可能就会被其他烟草企业侵占,利润也会受到更严重的影响。因此，只要有几家烟草企业做广告，那么继续做广告就是另外一家烟草企业的最佳策略，而所有的烟草企业都这么想的时候，即便广告费高出天际，人们也会看到各个烟草企业一掷千金的"奇景"。

而就在此时，美国国会的介入却改变了这一"困境"：国会通过法案禁止烟草企业在电视上投放烟草类广告，不但替烟草企业省下了一大笔广告开支，而且还不用担心自己的市场因此被同行侵占，因为法律具有强制力，政府将会对同行进行严格监督和违规惩罚。这样看来，所有的烟草企业都不做广告才是这场博弈的最好结局，只不过，因为每个烟草企业都不可避免地会有市场扩张的野心，想要让他们达成共同放弃做广告的协议是很难的。所以，自己走不出困境却意外被政府解救出来的各个烟草企业，当然是高兴还来不及，又怎么会反对呢？

西方经济学之父亚当·斯密曾经提出"个体利益最大化的结局是集体利益最大化"的论断，"囚徒困境"则将这一论断彻底推翻了。但这并不是亚当·斯密的结论有错，而是资本主义的经济模式随着时代的变化而变化。亚当·斯密这种单纯地将个体利益相加而得到集体利益的论断有一个非常重要的前提，是个体之间互不影响，没有交集，而资本主义早期的工商业主要是以手工作坊和私人工厂为主要形式，此时的资本主义的确符合亚当·斯密的理论前提。但是，随着资本的日益集中，企业开始脱离原始积累的状态，甚至转型为咨询服务、贸易服务等脱离生产的企业形式，这个时候，各个企业之间就不再是互不影响、没有交集的关系了，而是相互影响、竞争与合作并存的复杂关系，集体利益也就不再是个人利益的单纯相加了。那么，亚当·斯密的理论自然也就被更为合适的理论——博弈论所取代。

所谓博弈论是指一种双方或多方处于冲突、竞争、合作时，在充分了解各方信息的基础上，选择出能够为己方争取最大利益的决策的理论。

如今，全世界绝大部分国家的经济体系都是市场经济，市场经济就意味着各种竞争与不确定性。为了能够在竞争中获得最终胜利，不论是大企业还是小作坊，不论是集团还是个体，都需要做到知己知彼。但问题在于，由于市场经济优胜劣汰的法则，所有公司都不可能露出自己的底牌。

所以，要想赢得胜利，需要通过各种商业的手段以及操作技巧。比如，虽然无法获得同行竞争者的核心数据，但是我们可以通过博弈的方式，估算出对方的所有底线，最后选出一个对自身而言最有利的决策。

在实际工作中，有很多人秉持着做好自己的方针，认为只要做好自己，就能够拥有最大的优势。这种观念固然不能算错，但是在做好自己的前提下，也要把一部分精力放在研究其他对手身上，否则结果往往事与愿违。

我曾接触过一个案例，某市曾经有两家玩具工厂，为了能够打败对方，两家工厂的设计师绞尽脑汁设计更能讨小孩子们喜欢的毛绒玩具。不过，市场是有固定喜好的，比如当消费者更青睐兔子玩具时，两家工厂就都要生产兔子玩具，消费者青睐小熊玩具时，两家工厂也就都要生产小熊玩具。市场的喜好是固定的，那么要打败对手，就只能提高自身产品的设计和质量。不过，当两家工厂的努力方向完全相同，不论他们怎样提高自身的产品水平，最终送到市场的产品还是不相上下。

此时的市场看起来是平衡的，因为供需关系在一个相对稳定的数据里，但是，其中一家工厂希望可以有所突破，并扩大生产，从而获得更高的利润。这时由于市场是饱和的，要扩大生产，结果必然是滞销。而这家公司很清楚，不论他们把玩具做得多好，销量最多也只能比另一家工厂高出一点点而已。于是他们另辟蹊径，选择了做对方工厂最不擅长的项目：吊坠玩具。起初，他们将吊坠玩具作为赠品，附送在装玩偶的袋子里，并且，他们与另一家玩偶公司签订了合同，愿意把大量吊坠玩具以极低的价格批发给另一家公司。于是，这些吊坠玩具很快被市场接纳，下一步，这些玩具奇迹般地摆脱了赠品的身份，开始正式迈入市场。

这家公司最聪明的地方在于，他们不但把原本的竞争者变成了合作者，还以很少的代价让另一家合作者为他们在无形中做了宣传。而对另一家工厂来说，由于他们并不具备做吊坠玩具的能力，他们只有做更好的毛绒玩偶，那么当对手工厂提出以低价格跟他们合作时，接受合作对他们来说也是最优选择。

这就是为什么在市场经济高度发展的今天，大家不能仅仅以做好自己为目标。因为要想制胜，必须在每时每刻都将其他竞争者和合作者考虑进去。故步自封早已不能顺应这个时代，通过博弈的方式揣摩其他人的心理，再进行判断和决策，才是赢得竞争的正确步骤。

需要特别注意的是，"博弈论"和"博弈"并不是相同的概念。"博弈"从字面含义上讲，指的就是赌博和下围棋，进而引申为利益之争。从地球上有人类开始，就充满了博弈行为，而"博弈论"则指的是一种归属于应用数学的系统化理论。也就是说，博弈论是博弈行为的思想提炼，而博弈行为是博弈论在实际生活中的应用。

一般来说，一场博弈通常都包含了四个要素：

一是决策主体。一般为两人以上的参与者，比如在前面的例子中，两家工厂都是博弈的主体。两个参与者的博弈称为两人博弈，如拳击、摔跤等，而有多个参与者的博弈则称为多人博弈，如打麻将、六方会谈等。没有参与者就不存在博弈，在小说《鲁滨逊漂流记》中，仆人"星期五"加入之前，鲁滨逊一个人与世隔绝，其所生活的荒岛便是一个独立的系统，所以也就不存在博弈。参与者在博弈中的主要行为就是通过制定与对方抗衡的决策来为己方争取最大利益，并且，因为参与者的关系是相互影响的，所以在制定决策的同时，还必须了解和参照对方的策略。

二是利益。这里的利益是抽象的，包括金钱、地位、荣誉、快乐等，或者说只有参与者在意的东西才可以称为利益。利益是博弈中必不可少的要素。比如那两家工厂，他们之所以绞尽脑汁思考自己与对方的行动，根本原因就是利益，赚更多的钱，争取更多的市场份额。正因为如此，他们才会去采取一系列的策略。

三是策略。我们也可以称其为计策、计谋、手段等，它指的是参与者根据自己的判断和获得的信息制定出的行动方案，是博弈论的核心和关键所在，关系着整个博弈行为的最终胜败得失。那家玩具厂选择生产吊坠而不是继续生产毛绒玩偶，并且与另一家工厂进行合作，这就是策略。

四是信息。信息是制定策略的依据。知己知彼，百战不殆，只有尽可能多地了解对方，获取最准确、最全面的信息，才能制定出战胜对方的策略。因此，古往今来信息一直都是各种博弈场中非常重要的因素。也正是因为信息如此重要，所以故意传递假消息、错误信息迷惑对方也成了一种经典战术。所以，对于己方而言，就需要格外注意甄别信息的真伪，并学会在日常不起眼的细节中识别关键信息。

在经济学领域中，每个个体都在努力收集信息，为自己制定策略争取最大利益，无论是个人的薪水，还是国际的货币战争，其蕴含的博弈论思想其实都是相通的。

在对抗中寻求合作

你的决定究竟完全是出于自己的内心判断，还是被动地受到了其他方面的引导呢？我猜或许你会认为，外界的引导虽然不可避免，但最理想的情况就是完全依靠自己的判断来做出选择。然而事实是，即便在最理想的情况下，你的选择仍然不受自己的控制。

举一个最简单的例子，摆在你的面前有一个蛋糕，你打算在两个小时后的下午茶时间吃掉它，但这时你的身边出现了一只小狗，它虎视眈眈地想要吃掉这块蛋糕，这蛋糕放在一个一旦移动就可能会散掉的拼装盘子内，所以你要立刻做出决定。

这时，你原来的计划变得不再重要了，因为它是不可能实现的。你此时的决定，完全被这只小狗支配。你陷入了一场意外的博弈，而在这场博弈中，你的主动权并不大。那么，如何在这种自己并没有多少主动权的博弈中获得最优方案，便成为我们需要着重考虑的问题。

某小镇上只有一个警察和一个小偷，每次警察都只能选择在一个地方进行巡逻，而小偷也只能选择在一个地方进行盗窃，但是该镇有两个地方都需要巡逻，甲地有价值三万元的珠宝，乙地则有价值四万元的名画。当然，警察和小偷都无法事先了解到对方将要选择甲地还是乙地，此时，这种情况就是完全信息博弈和静态博弈，因为镇上需要巡逻的地方、交通状况等信息对于警察和小偷双方而言都是公开的，并且警察和小偷双方事先谁也无法预测对方的选择，自己所作的选择也和对方的选择没有任何关系。

但是，假设警察故意对外放出消息说自己今天晚上将要去甲地巡逻，实际上去了乙地，小偷不知是计，到了晚上选择了去乙地盗窃，结果被警察捉了个正着。

这样的情况就是一场不完全信息博弈，因为小偷对于警察的"声东击西"策略并不知情。在博弈论中，根据标准的差异，博弈也有不同的分类方式：

首先，博弈可以分为完全信息博弈和不完全信息博弈，这是按照博弈中的一方参与者对其他参与者的信息掌握程度来划分的。完全信息博弈是指博弈中的一方参与者对其他参与者的特征、利益以及可能采取的策略等信息都进行了准确而全面的了解，如果了解不准确、不充分，即在多个博弈参与者的情况下，只知道其他博弈参与者的部分情况，那么此时便是不完全信息博弈了。

其次，博弈可以分为静态博弈和动态博弈，这是按照博弈参与者选择并做出决策的先后顺序来划分的。静态博弈是指博弈参与者同时选择并做出决策，或者虽然有先后顺序，但是后做出决策的一方对于其他博弈参与者所做出的决策内容毫不知情；而动态博弈是指博弈参与者选择和做出决策有先后顺序，并且后做出决策的一方在充分了解先做出决策的一方的决策内容的基础上才有所行动。

再次，博弈可以分为合作博弈和非合作博弈，这是按照博弈参与者之间是否存在具有约束力的协议来划分的。合作博弈是指博弈参与者必须在一个协议的要求范围内采取行动，其目的就是争取遵守协议的所有博弈参与者都能得到满意的博弈结果，但并不要求博弈参与者之间必须有合作的态度或者意向，而只是专注于在合作中进行利益分配。相反，如果博弈参与者之间不存在一个具有约束力的协议，每一位博弈参与者都只追求将自己的利益最大化，而不考虑其他博弈参与者的利益，那么这种博弈就是非合作博弈。在现实生活中，绝大多数的博弈都是非合作博弈。

不过，非合作博弈可以实现向合作博弈的转变，而且这种转变有时还能成为双方利益最大化的最优解，实现互利共赢的不二之选。

我们以沃尔玛超市和宝洁公司的关系为例，沃尔玛自1962年开设第一家折扣店以来，凭借其价格优势迅速发展扩张成为世界第一大连锁店。成立之始，宝洁公司被其选作其供应商，二者建立合作关系，都在不断寻求各自利益，但在后来的十年间，宝洁和沃尔玛都欲实现自身利益的最大化，于是以极其强硬的态度企图主导供应链。两家公司的关系日益恶化，"冷战"逐渐转向"口水战"，乃至最后上升到对簿公堂的地步。这样一来，二者的口碑都下降了，利益也受到影响。迫于发展的形势和要求，二者达成了基本的合作意向，共同商讨未来的发展计划和方向，实现了技术共享和互通，开创了新的合作关系，不断实现一次次的突破：宝洁公司通过此次合作得到了技术和管理层面的支持，实现了品质的提升，而沃尔玛超市通过此次合作改善了与供应商的关系，实现了管理模式的创新，成为美国第一大售货商。

最后，博弈还可以分为正和博弈、负和博弈以及零和博弈，这是按照博弈的最终结果来划分的。正和博弈也叫合作博弈或双赢博弈，是公认最好的一种博弈结果，因为在正和博弈中，所有的博弈参与者都可以获益，或者一方博弈参与者增加收益时并不会导致其他博弈参与者利益的减少。负和博弈是指博弈参与者中的任何一方最后所得的收获都小于其付出，谁也没有占到便宜，也就是通常人们所说的"两败俱伤"。

再来说零和博弈。在这一过程中，博弈参与者的一方获益，会造成另一方损失，不仅如此，所有博弈参与者之间所获得的利益和损失的和为零。这就好比是物理学中的能量守恒定律，无论能量如何变化，能量的总和都是不变的。最典型的零和博弈就是赌博，因为从理论上来讲，只要有人赢钱，那么一定就会有人输钱，并且，赢的总钱数和输的总钱数永远是一样的，无论钱在赌徒们的手里如何增减，赌桌上的钱的总数也是恒定不变的。

而在人际交往中，也存在"零和博弈"现象。让我们来看下面这个故事：

小张和小王是邻居，两家关系一直都不错。可是，这种和谐的局面因为小张给儿子报了一个小提琴班而彻底打破了。原来，自从小张的儿子开始学习小提琴以后，他每天晚上都要练琴到深夜，不仅如此，因为他刚刚开始接触小提琴，所以拉出来的声音十分刺耳。一开始，小王以为小孩子学东西是三分钟热度，也许过几天就坚持不下去了，所以也没有太在意。可是后来小王发现事情完全不是他预想的那样。小张的儿子似乎并没有停止深夜拉小提琴的习惯，其演奏的声音也没有多大进步。这下子，小王彻底生气了，白天累死累活上一天班，晚上回到家了还不让人好好休息！思来想去，小王冒出了一个主意，到了晚上，他就拿出一面大鼓，等小张的儿子一开始拉琴，他就开始疯狂打鼓，动静远远盖过了小提琴的声音。如此接连几天之后，小张的儿子受不了了，终于放弃了学习拉小提琴，小王如愿以偿地得到了清静的夜晚。不过，他们两家的关系从此变得剑拔弩张，再也不复从前的亲密了。

在这个故事中，小王原本可以选择心平气和地向小张一家提建议，或者找居委会出面调解等方式来处理两家的冲突，但他偏偏采用了极端的手段来逼迫对方。从表面上看，他是取得了胜利，却因此失去了一个好邻居以及和睦的生活环境，所以，这场博弈的结果是零和博弈。

那么，面对利益的冲突，博弈参与者就真的无计可施，而只能互相伤害了吗？

回答当然是"NO"！

想要走出零和博弈的怪圈，博弈参与者就必须充分地去了解对方，然后通力合作，取长补短，各取所需，消除双方之间关于利益的冲突和对抗，这样才能创造"共赢"的正和博弈的结果。

大家都知道鳄鱼是一种十分凶猛的两栖生物，但是就有这样一种鸟，可以悠然地在鳄鱼的嘴里跳来跳去，丝毫不用担心自己会被鳄鱼一口吞下去。这是为什么呢？原来，这种鸟可以在鳄鱼的牙缝中觅食，而它在获得食物的同时，实际上也帮助鳄鱼清理了牙缝，避免了细菌滋生，并且，这种鸟还可以通过自己的叫声来为鳄鱼放哨，随时向鳄鱼报告危险情况的发生。就这样，这两种生物和谐共生，成为一对绝妙的搭档。

当然，21世纪的世界远远比自然界更为复杂。在全球化的大背景之下，科技飞速发展，经济形势也更加严峻。在这种情况下，任何想要获得发展的国家都必须认识到一个深刻的问题：合作才是唯一出路。因为只有合作才能避免零和博弈，实现共赢的正和博弈。无论是在自然界之间，还是人与人之间，乃至国和国之间，都是如此。

但是，我们还必须清醒地认识到，合作并不是万能的，它并不能消除所有领域的零和博弈。而且人心都是复杂而贪婪的，例如，投资股市原本只是为了获得公司收益的分成，却因为高回报而逐渐变为了投机行为。这个时候，只要有人获得差额利润，必然就会有人因此而赔钱，这种"零和博弈"是很难走得通的。所以说，合作共赢在本质上其实是我们的一个美好愿望和目标，而要实现这一目标，还有很长的路要走。我们必须理性地看待合作，在对抗中寻求共赢的连接点，实现正和博弈。

预测他人接下来的行动

无论在生活中还是职场上，我们时常会遇到马上要做结论的时候。此时最难判断的往往并不是一些客观条件，而是人的主观因素。在许多行动失败的案例中，决堤点都是人心。可以说，人心是最难预料的东西，也是所有行动里最大的变数。但是相对而言，一旦掌握某些规律，人心又会成为容易控制的东西了。

当我们控制一些机械的时候，我们遵循的是制动原理，固定公式可以为我们提供帮助，但是当我们需要洞察人心的时候，并没有什么原理和公式可依，我们能够依照的只有一些心理学的经验，以及一些博弈规则。因此，抛开那些无聊的厚黑学动机，如何猜测人心，如何掌控人心，便成为值得研究的课题。

经常接触股市的人最清楚，在股市里，最可怕的并不是已经发生了什么，而是还未发生什么。于是，为了可以准确预测未来，很多人开始研究股市规律，希望借此判断出下一步该如何发展。但是不论他们怎么研究规律，股市的发展仍然无法完全听从他们的预测，他们觉得这是因为自己还不够专业，于是他们开始找更多更专业的人来帮助他们分析。到最后，还是有人赚有人赔，那些他们花了许多钱请的所谓的专家，却是稳赚不赔的，因为他们不是靠股市规律，而是靠这些迷信他们的人赚钱的。

那么股市是不是真的难以预测的呢？也并不是，只不过这种预测不是简单地凭借各种数据图表，而是要靠博弈论。当然，数据也并不是全然无用的，所谓知己知彼百战百胜，数据是用来了解对方的，通过了解对方，来推算对方的下一步行动。也就是说，分析数据只是最为基础的工作。

想要准确预测他人的下一步行动，这并不容易，但也并不是无规律可循。经济市场也好，工作合作也好，很多事情都如同棋局，在棋局中，只要能够掌控对方手里的棋子，就能把握整个棋局走势。要想掌握对方的棋子，有两种办法：一种是摸清对方的棋路风格，提前判断对方可能会采取的落子方式；另一种是请君入瓮，通过各种引导，让对方不知不觉走入自己准备好的局面中。

我认识的一个朋友小刘曾经遇到过这样一件事：有一次，他的公司有几个出国考察的名额，作为事业正处在上升期的小刘当然希望可以获得这个名额，但是名额有限，符合条件的员工却有不少，这时小刘就陷入了一个困局，他只能被动等待命运之神的惠顾。但是命运之神虚无缥缈，小刘最后决定要主动出击。

若想获得一些利益，大部分人都有个心照不宣的规则，就是要取得领导的欢心，说白了，就是要想办法贿赂上级。但是贿赂这种事也不能轻易出手，毕竟这属于违规操作，一旦遇到一位刚直不阿的领导，那么很可能会吃不了兜着走。在小刘的印象里，负责出国考察人选的领导非常踏实认真，贿赂他并非是明智之举。可他也不想因为自己的正直而错过一个绝好的提升自身的机会，那么问题来了，他该怎样才能摸清领导的想法呢？

在之前的文字中我们已经提到，博弈论的核心在于制定一个好的策略，那么最佳的方法就是通过收集信息，参照对方的策略来预测他人的行动，从而决定自己的策略方向，并在博弈的过程中不断调整，形成策略的互动。

对小刘来说，他需要解决的问题是提高自己被选中的概率，那么他就要收集其他可能被选中人员的信息，以及负责这次事件的领导的信息。于是，他开始主动跟其他同事聊天。当然，他并不会去聊关于这次出国考察的内容，他涉及的大部分内容都是工作上的事情，比如目前工作中遇到的一些问题该如何解决，某个项目有没有可能拿下，需不需要提前做准备……小刘希望通过讨论这些话题，间接对其他同事更加了解。

小刘来这家公司的时间并不长，在大部分时间里，他都在努力提升自身的业务能力，努力完成公司交给他的任务，因此平时他与其他人交流的机会并不多。这一次，为了能得到出国考察的机会，他才真正了解了他的同事们。他发现这家公司真的是卧虎藏龙，有的人外语非常好，可以直接充当翻译，有的人对行业发展趋势了解得非常到位，可以说出很多小刘完全没意识到的新问题。

虽然是带有目的性地接触大家，但对小刘来说，能够更加深入地了解这些同事，这本身就已经是很大的收获。不过，在感叹之后，小刘仍然仔细分析了自己在获得这次机会上究竟具有多大的优势。同时，他又分析了领导的工作模式，像领导这样一个严谨的人，在选择出国考察的人员时必然会考虑很多方面：语言、对国外技术的了解固然是一方面，但学习能力也必定会考虑，毕竟考察的最终目的是能够把学到的东西归为己用。而小王发现，这么多优秀的同事里，并没见过有人有记笔记的习惯。

于是在某个领导还算有空闲的下午，小刘找到了领导，他直接说明了来意，并将自己自加入公司以来写过的所有工作笔记主动给领导过目，向领导表达了自己希望能够获得这次出国名额的热切之心。果不其然，他工整具体的笔记令领导赞叹不已。一个月后，他成功加入考察团，坐上了飞往欧洲的飞机。

从这个案例我们可以看出，小刘在制定策略的时候，必须要将所有人的信息考量进去，他用来打动领导的东西必须是其他人都没有的，或者即便是其他人有，但也没有表现出来。而当小刘拿着工作笔记去见领导时，就已经抢占了先机。

当然，这场名额争夺战，绝对不是小刘一个人的战斗，其他人也都同样在这场博弈中制定了自身的策略，小刘之所以能够那么迅速地获得信息，是因为其他人也同样需要在小刘的口中获取信息。这就是策略与策略之间的较量。

在棋局之中，谁都不是绝对的愚蠢，你在排兵布防时，对方也同样在布局，就看谁的出手更快，布的局更大，铺的线更长远。

你在决定自己走哪一步棋的时候，必须要首先考虑对方可能会走哪一步棋，而自己如果走了这一步棋之后，对方又会如何应对，选择走哪一步棋来扭转局势，自己要继续走哪步棋才能阻止对方的进攻……如此互动下去，对方的行动就会因你的策略而受到影响。因此，你们在博弈中比较的其实就是谁对对方的行为预测更加准确全面。

我们在提到博弈论的时候，其实都涉及一个最基本的假设前提，即参与博弈的各方都是"理性人"。所谓"理性人"是西方经济学中的一个术语——"理性经济人"。它指的是在博弈中的每个参与者都有一个最基本的出发点，那就是为自己争取最大利益，而每个参与者在制定自己的决策时，一定会选择那个能够为自己带来最大收益的决策。如此一来，因为每个博弈的参与者都在理性地制定能够为自己带来最大收益的决策。这样的话，各方参与者在制定决策时越理性，双方对彼此的行动预测就越准确，其博弈的过程也就越具有代表性。

通过预测他人接下来的行动来制定己方的策略，并在博弈过程中进行调整，同样一件事，采取的策略正确与否，直接关系到结果的成败。所以，唯有学会进行准确全面的预测，充分掌握对手的行动方向，才可以帮助我们制定出良好的策略，而良好的策略才能帮助我们在博弈中得偿所愿，而我本人也愿意针对各种类型的问题，为大家提供可操作的方法来进行预测和制定良好的策略。

如何提升决策效率与决策结果

当我们面对竞争时，该如何制定策略才能使自己获得绝对优势呢？如果用一般的思维惯性，很多人会觉得提高自身竞争力是最有效的方式。但问题在于你的竞争力往往并不是全部取决于自身。比如，当所有人都擅长 A 方向的能力时，一个擅长 A 方向的人不论如何提高自身能力，其程度和效果也是有限，但是如果有人去提高 B 方向的能力，他的竞争力则会大幅度提高。

在博弈的世界里，你的能力水平、竞争水平、成功概率大多取决于你所处的环境、所在的集体以及你的对手等完全无法控制的因素。这时要想提升自身的优势和决策效率，你就需要采取与他人优势相比较的方式，来确定自身的决策方向。

某省有两家大型的媒体："每日娱乐"和"新闻早知道"。从创立时间来看，"每日娱乐"要比"新闻早知道"占更大优势，所以其收视观众在数量上也远远超过后者。不过，决定一家媒体实力的除了收视观众的数量外，其为网站争取的点击量也是一个很重要的因素。因此，两家媒体在头条新闻的报道之战上从未停歇。

这一天，省内发生了两个较为轰动的事件，一是有人声称拿到了某当红女明星的出轨实锤，引发网友和粉丝的热议；二是该省某市化工厂爆炸，造成重大人员伤亡，爆炸原因初步确定为化工机械设备老化引起。那么，现在"每日娱乐"和"新闻早知道"两家媒体在报道头条新闻的问题上便有了两种选择：要么报道当红女明星的出轨丑闻，要么报道化工厂爆炸伤亡事件。根据记者的采访、调查和统计，50%的网友更关心当红女明星的出轨丑闻，40%的网友更关心化工厂的爆炸伤亡事件，还有10%的网友对这两件事情都表现出了很大的兴趣。因此，按照以前头条新闻的点击量，"每日娱乐"和"新闻早知道"两家媒体都推算出了第二天的新闻点击率如下：

如果"每日娱乐"选择报道女明星的出轨丑闻作为头条新闻，那么其为网站争取的点击率为60%，而"新闻早知道"同时也选择报道女明星的出轨丑闻作为头条新闻的话，那么其为网站争取的点击率为40%，同时点击关注两个头条新闻的网友数量为零。

而"新闻早知道"选择报道化工厂爆炸伤亡事件作为头条新闻的话，那么其为网站争取的点击率为50%，重叠的10%就是同时点击关注两个头条新闻的网友。

如果"每日娱乐"选择报道化工厂爆炸伤亡事件作为头条新闻，那么其为网站争取的点击率为55%，而"新闻早知道"同时也选择报道化工厂爆炸伤亡事件作为头条新闻的话，那么其为网站争取的点击率为45%，同时点击关注两个头条新闻的网友数量为零。

如果"每日娱乐"选择报道化工厂爆炸伤亡事件作为头条新闻，那么其为网站争取的点击率为50%，而"新闻早知道"另外选择报道当红女明星的出轨丑闻作为头条新闻，那么其为网站争取的点击率为55%，重叠的比例只有5%的原因在于"每日娱乐"在固定的收视观众的数量上要远远超过"新闻早知道"，即使它没有将关注度更高的当红女明星的出轨丑闻放到头条，作为一家大媒体，它自然也不会放过对重大新闻的报道。

因此，从上述比例情况来看，无论"新闻早知道"选择报道哪个事件作为头条新闻，对于"每日娱乐"而言，它都应该选择报道当红女明星的出轨丑闻，这样才能在双方的博弈中获胜。

在博弈的过程中，取胜的最大关键就是能否制定出一个好的策略，而一个好策略的制定当然还必须像下棋一样，步步为营，深刻了解和预测对方的每一个出招。也就是说，我们在制定和选择博弈策略时仍然有一定的规律可循，上述例子中阐释的便是制定和选择博弈策略的其中一个行为准则——寻找和应用优势策略。事实上，"每日娱乐"和"新闻早知道"双方都有一个相应的优势策略，而这种双方均有优势策略的博弈已经算是最简单的一种博弈了。有时候，在某一场博弈中，可能只有一方有优势策略，而其他博弈参与者都没有优势策略。在这种情况下，拥有优势策略的一方当然会选择采用优势策略，而没有优势策略的其他博弈参与者也会针对有优势策略的一方进行分析，采取不利情况下己方相对最合理的策略。

总而言之，优势策略其实就是指无论对方采取任何行动，它总能显示其绝对的优势，不过要注意的是，采取优势策略时产生的最坏结果却往往不一定会比采取其他策略时得到的最佳结果好。

缩小博弈的范围

博弈几乎是无处不在的。只要我们处于社会关系当中，需要与人相处，需要与人竞争，就必然会陷入各种各样的博弈之中。不过，人生要有张弛，任何人都不可能永远保持高效运转。机器如果过度运转会增大损耗，人也如此。所以尽管博弈无处不在，我们仍然要尽量降低博弈的频率，努力从一开始就避开过度计算。比如当我们遇到一些并不十分复杂的博弈问题时，便可以采取缩小博弈范围的方式，让这些问题通过更少的计算得到解决。

在这里，我再讲一个故事：一个难得的周末夜晚，孟阳和丈夫李铭吃过晚餐后便相互依偎在沙发上看电视。最近正逢世界杯开赛，而且当晚有李铭最喜欢的球队比赛，所以李铭兴冲冲地将电视频道锁定为了体育频道。然而，李铭此举遭到了妻子孟阳的强烈反对，原来，比赛时间和孟阳最近迷恋的韩国电视剧播出时间冲突了，这部韩剧她已经追了很久了，当晚就是大结局，当然不能错过。就这样，夫妻俩围绕应该看哪个频道展开了激烈的博弈。李铭认为，他平时忙于业务，根本没有太多时间收看自己喜欢的比赛，今晚的休息时间来之不易，妻子应该将机会让给自己，毕竟平时都是妻子一个人霸占着电视机。但是妻子说，无论李铭是想看比赛的过程还是结果，明天很多电视频道都会反复重播，他随时可以收看并知晓结果，但自己追的电视剧不像世界杯球赛那样有那么高的重播率。就这样，两个人各执一词，谁也不想让步，而眼看比赛时间和电视剧播出时间就要到了，李铭和孟阳究竟应该怎么办才好呢？

事实上，如果我们替李铭和孟阳分析一番的话，他们二人这场关于频道的博弈结局不外乎以下三种：

一是双方互不相让，各执己见，最后李铭错过比赛，而孟阳也看不了自己喜欢的电视剧。

二是某一方选择退出博弈，妻子孟阳将电视机让给丈夫李铭，或者李铭将电视机让给妻子。

三是某一方成功说服了另一方，丈夫李铭放弃了收看比赛而选择陪妻子一起收看电视剧，或者妻子孟阳放弃收看电视剧而选择陪丈夫一起收看世界杯比赛。

那么很明显，第三种结局是这场博弈的最优策略，且我们还可以清楚地看到一个劣势策略，即第一种双方互不相让，各执己见，最终谁也没有达成自己的目的。所谓劣势策略就是在一场博弈之中，无论其他博弈参与者采取怎样的策略，其中一方博弈参与者在能够采取的策略中，对自己最为不利的那个策略。在有的博弈中，特别是优势策略不明显、难以抉择时，我们就可以采取劣势策略消除法，即制定和选择博弈策略的第二行为准则。一定要先将对自己最为不利的策略排除在外，然后再将次等不利的策略排除掉……以此类推，最后在剩下的几个策略中选择较为有优势的一个。

在博弈过程中，只要遵循以上两种行为准则，在寻找到相应的优势策略和劣势策略之后，便可以将博弈问题简单化，而这其实也就是我们俗语说的"追求最好、避免最差"的道理。

纳什均衡揭示自私的悖论

经济学是一门奇妙的学科，它需要用理性思维去建立许多模型，但它的所有模型又都不是固定的。与许多完全遵循公式的学科不同，经济学中充满着各种变数，它从出现到发展都离不开人的心理和思想。因此，尽管经济学的许多计算方式都更接近数学，但其建立的基础更接近社会学。

在经济学中有一个著名理论叫作"纳什均衡"，它很好地解释了经济的基本模型。可以说，一个经济模式要进入稳定，最终达成的状态便是纳什均衡。确定这种均衡的重要因素，便是每一个经济个体的博弈计算。

1950年，约翰·纳什的两篇博士论文《非合作博弈》和《n人博弈中的均衡点》横空出世，将人类对博弈论的研究从单纯的合作博弈扩大到了非合作博弈，并将之广泛地应用在了经济学等多个领域。

如今，纳什均衡几乎已成为博弈论的代名词，是博弈论的最核心的内容。那么，所谓的"纳什均衡"究竟作何解释呢？

"均衡"是经济学中的一个经典概念，它是指所有相关因素都处在了一个稳定的关系之中，且这些相关因素的量都是稳定的值。就好比我们日常买卖东西时，买家和卖家总要经过一番讨价还价之后得出一个双方都能接受的价格最终达成交易，此时这个价格就是买家和卖家之间达成的一种"均衡"。从经济学的角度来讲，均衡是所有经济行为共同追求的一个宏伟目标。而博弈论中的均衡，简单来讲，是指在一场多人的博弈之中，所有的参与者都会根据其他博弈参与者的策略而制定和选择属于自己的最优策略。这样一来，所有的博弈参与者所采取的一系列策略就形成了一套策略组合。并且，这个组合中的主体绝对不会轻易变动自己的最优策略，因为那样会使自身的收益大打折扣。正因为所有的博弈参与者都是理性的，所以此时的博弈参与者在策略上达到了一种平衡，这种平衡便是"纳什均衡"。需要注意的是，在一场博弈中，"纳什均衡"可能有很多个，而且还会有好坏之分。

其实，在我们的现实生活中，应用"纳什均衡"的例子比比皆是，下面我们就举几个来帮助大家理解：

场景一：如今，环境污染已经成为困扰人们的一个大问题，为了整治环境，C市政府要求本市的两家污染企业——A企业和B企业均安装污水处理设备。一般来讲，只要对方污染企业不安装污水处理设备，那么污染企业自身肯定也不会主动安装，因为毕竟安装污水处理设备需要较大的成本。那么，假设A企业和B企业在未安装污水处理设备的条件下，其可以产生的利润均为10，而污水处理设备的成本为4，那么我们就可以简单计算出A、B两家企业在是否安装污水处理设备这场博弈中的几种结局了：

		乙	
		安装	不安装
甲	安装	（6，6）	（6，10）
	不安装	（10，6）	（10，10）

从表中我们可以看出，对于污染企业A和B来讲，其最优策

略就是双方都不安装污水处理设备，此时，（10，10）的情况对于两家污染企业而言是一种好的均衡，对于保护环境而言，却是一种极坏的均衡。同理，对于污染企业 A 和 B 来讲，其劣势策略就是双方都安装污水处理设备，此时，（6，6）的情况对于两家污染企业而言是一种坏的均衡，但是对于保护环境而言，是一种极好的均衡。不过，在实际生活中，如果政府不插手进行监督的话，（6，10）的结果几乎都不可能实现，更不用提（6，6）的结果了。因此，我们国家这几年才加大了对于环境污染的监督管理力度，其目的就是通过"看得见的手"来实现经济发展和环境保护之间的均衡。

场景二：如今，个人信息的泄露造成我们的手机里总是会收到各种各样的垃圾短信。推荐理财产品的、放出促销消息吸引购物的、诈骗钱财的……五花八门，数不胜数。那么，你一定会想，自己根本就不会搭理这些垃圾短信，而且身边的朋友应该也不会理睬，商家和骗子们难道就这么傻，竟要采取如此低级的销售手段？其实这里面暗含了"纳什均衡"的思想。因为发垃圾短信的成本非常之低，所以我们假设发 1 万条垃圾短信的成本只有 1 元钱，那么发 100 万条垃圾短信所需要付出的成本就是 100 元，而甲公司发短信想要推荐的产品的最低价格为 100 元，那么只要在所有收到垃圾短信的消费者之中，有一个能够订购甲公司推荐的产品，那么理论上甲公司就不会亏本，而如果两个甚至两个以上的消费者能够订购甲公司推荐的产品，那么甲公司就可以赢利。所以说，群发垃圾短信这种销售手段其实不但简单省力，而且还是一本万利的广告方式，而只要有一家企业采用这种方法销售产品并且还获得了利润，那么别的企业此时的最优策略当然也是如法炮制。就这样，许多企业都开始了群发垃圾短信的销售策略。在这些企业之间达成了一种均衡，只不过，这种均衡自然是坏的均衡，因为作为消费者，谁也不愿意自己的手机里充满了一堆自己根本不需要的垃圾短信来打扰宁静的生活。

不过，一旦博弈参与者所采取的策略有所变动，那么好的均衡和坏的均衡之间也会实现互相转化：

有人做过这样的实验：将一群猴子关进同一个笼子里，然后，实验者每天都会抓走其中一只并假装将其杀死，而且还会让笼子里剩下的猴子都目睹这一过程。久而久之，每当看到实验者来到笼子跟前的时候，这群猴子便吓得紧紧靠在一起，谁也不敢轻举妄动，生怕引起实验者的注意然后被杀死。可奇怪的是，一旦猴子们发现实验者已经表现出对它们其中某一只的兴趣时，其余的猴子又会立刻四散开来，将被实验者"相中"的这只猴子孤立出来，当被孤立的猴子害怕得想要挤回群体中时，伙伴们不但不会容纳它，甚至还会主动攻击它，将它驱赶至实验者的身旁，直到实验者成功将这只猴子抓走，众猴们感觉自己终于安全了之后，它们又蹦又跳，甚至幸灾乐祸，全然忘记了被抓走的猴子也是自己的同类，而非敌人。它们能够自救的真正办法是联合起来反抗实验者的"暴行"，而非将自己的同伴推上"断头台"。就这样，笼子里猴子的数量日益减少，直到只剩最后一只，实验结束。

在这个实验中，如果猴子们在目睹第一只被抓走并"被杀死"的猴子的遭遇后开始联合起来撕咬实验者，也许实验者就会因"招架不住"而结束这次实验。可是，如果只有其中一两只猴子跳出来反抗的话，不但力量弱小，还会因为跳出来反抗而极大地增加了其被抓走并"被杀死"的风险，而每个猴子都不知道另外的猴子究竟是怎么想的，会不会同自己合作。要反抗都反抗，而只要不反抗，至少其被抓走的概率还是和其他猴子一样的。因此，相比之下，理性的猴子都选择了不反抗。其实，这就是一种"均衡"的结果，只不过是一种坏的均衡罢了。每只猴子都从自身的利益出发，在别人选择不反抗的策略时，也选择了适合自己的最优策略——不反抗，而人人都选择了这一最优策略，结果却是集体的大悲剧。作为旁观者的我们知道所有猴子都联合起来进行反抗才是好的均衡，然而这种结果很难达成，因为无论人还是动物，自保都是其第一反应，自私自利的基因决定了一切。

"当他们追杀共产党人的时候，我没有站出来讲话，因为我不是共产党人；当他们追杀犹太人的时候，我没有站出来讲话，因为我不是犹太人；当他们追杀工会人员的时候，我没有站出来讲话，因为我不是工会人员；当他们追杀天主教徒的时候，我没有站出来讲话，因为我是新教徒，而当他们最后来追杀我的时候，再也没有人站出来为我讲话了。"

这是一座犹太人的纪念碑上所刻的铭文，据说是由一位德国的神父留下来的，简单而又发人深省的文字和上述的猴子实验简直如出一辙。在全人类的悲剧事件面前，人人都为了明哲保身而选择了对屠杀行为保持沉默。然而，每个人都这样做的时候，当厄运降临到他们自己身上以后，之前为了保护自己的最大利益而做的选择，却最终造成了所有人都不会站出来为他们讲话的结局。主张每个个体都从理性而利己的角度出发做出最优选择时，会带来全社会的最大利益的纳什均衡理论彻底推翻了亚当·斯密的经济原理。每个人都从自身角度出发做出最优策略，却不一定能够带来整体的好的均衡结果，那么自私这一行为模式究竟是于人类有利还是有害呢？

欧·亨利的小说《麦琪的礼物》可谓家喻户晓，从这个故事里我们看到，主人公德拉和吉姆无疑都是非理性的，因为如果他们都能够"自私"一些，那么就不会发生那种为对方精心准备的礼物变成了无用之物的局面。可是，正因为这种阴差阳错，才更加凸显了夫妻之间真挚的爱情。因此，凡事其实都有两面性，自私是好还是不好，关键看用在什么场合。作为一个有道德的人，不能将自私之心用于损人利己，更不能吝啬于表达爱意。

第二章 /

打响经济操控的
防御之战

反操纵首先要识破操纵

面对当今这个纷繁芜杂的社会，你可能为无力说服别人而深感懊丧，为工作生活中被他人主导而苦闷困惑，为时常处于被动地位而长吁短叹。其实，你内心是十分不甘的。爬山知山性，游泳晓水性，成功通人性。要想在这个竞争日益激烈的时代占据主动，只有洞察人心，参透众多操纵行为背后的本质心理学规律，方可百战百胜，甚至不战而屈人之兵。

我们来举一个案例，丹妮刚刚在家附近的健身房办了一张年卡，只是想着有空了去跑跑步，增强一下身体素质。办完卡后，一位健身教练走过来说："请问您一会儿没有其他安排吧？"

丹妮微笑着说："没什么安排。"

"那我带您熟悉一下健身房的环境吧。刚好我们这里有最先进的体质分析仪，我可以带你测测身体指标，开始运动前要对自己身体有个全面的了解。"测完指标后，健身教练让丹妮仔细看看报告。看完后，丹妮问："我的指标没什么问题吧？"

"您的身体指标有几项有问题，您没看出来吗？来，我给您制订一个详细的健身计划，对所有会员都是免费的。"

"好吧，那我听听。"

……

"按照这个计划走下去，很快您的不良身体指标就会改善。如果您信任我，买我的私教课的话，我会全心全意尽快帮您达成目标。"

"不了，我不需要私教课。"

"难道您不想拥有健康的身体和令人羡慕的身材吗？买我的课，是对您自己健康的投资。"他用真诚又无辜的眼神看着丹妮。

"不了，我不需要，谢谢。"丹妮坚定地说。

这个时候，如果丹妮的意志力不够坚定，想必已经把私教课办了。

在上面的例子中，对方一开始就用封闭式的提问"没安排吧"得到了他要的答案。随即，再用含糊的描述提出请求，让你在不清楚全部事实的情况下，积极回应他的请求。接着再提几个不同的话题，观察你的状态，看哪一个话题对你起作用，并试探性地根据他们收到的反馈来改变他们的话语，见风使舵。最后以朋友之情或科学之选等理由来"敲打"，甚至"压迫"你，在整个信息不透明的谈话过程中，你有可能完全被他操控，顺着他的思路走了。

其实所谓的操控者，只是熟练地运用了心理学上的"鱼和叉效应"。"鱼和叉效应"是指着重在起作用的"钩子"上做文章。

你一定有这样的经历，身边的朋友特别开心地跟你讲："我碰到了一个算命大师，算的真的特别准，我改天带你也去算算。"算命大师之所以算得特别准，是因为他们熟练地应用了这一效应。你有没有发现，在算命前，他们通常会向你提几个不同的问题，看哪一个问题对你起作用，就像一个优秀的政治家或销售商一样，他们不会表达出内心的真实想法，而是试探性地根据他们收到的反馈信息来改变他们的话语。这种反馈有许多种不同的形式，他们会对你的表情和肢体动作观察入微，所以其实很多时候并不是算命大师算得准，而是在之前的交谈中，我们的言语、微反应已经给了他们答案的方向。

在经济不景气时期，有一家公司，相比于往年，利润空间大幅度下滑，老板正在为员工们的年终奖发愁。按照公司今年的盈余情况，最多只能给员工多发一个月工资作为年终奖。老板忧心忡忡地思虑："参照往年的年终奖，员工们至少能多拿两个月的工资作为奖金，他们肯定已经跟家人订好了出行计划，筹划好了新年礼物，只盼着拿了奖金去付钱呢！"

经理也一筹莫展："就像给孩子们糖果，每次都给一小把，现在突然只给一颗了，孩子们一定会闹情绪。"说者无意，听者有心，从经理的这个比喻里，老板想到了解决方案。

两天后，公司内部传出消息："由于运营不佳，公司年底计划裁员，就连年终奖，也要取消。"听到这个消息，员工们各个人心惶惶。大家都在猜测，被裁的那个人会不会是自己呢？

过了几天，又有消息宣布："公司虽然艰苦，但公司上层本着同舟共济的思想，再怎么艰难，也绝不会裁掉共患难的员工，就是今年的年终奖金，不可能发了。"听说不裁员，大家都如释重负。不至于卷铺盖走人的喜悦，早就压过了没有年终奖金的失落。

突然，老板组织各部门主管召开紧急会议。大家面面相觑，不知道又有什么状况出现。几分钟后，主管们纷纷冲进自己的部门，兴奋地宣布："有年终奖金了！整整一个月，马上就会发下来，大家可以过个好年了！"刹那间，欢呼声淹没了整个公司。

公司"年终奖事件"之所以会有一个皆大欢喜的局面，在很大程度上得益于老板的这一博弈论策略——加法策略的成功运用。先把夸大了的最坏结果告诉员工，有目的地先给他们做好前期的心理铺垫，降低他们的心理预期，然后再一步步地"加码"，还原目的的本来面目，最终获得了自己想要的结果。

参透这一心理策略的学生，如果有一次考试成绩不好，在告知父母分数之前，可以先给父母打"预防针"——我这次考得不好，可能只能得 60 分。也许当时他的父母会很郁闷，但是经过他多次暗示之后，父母会逐渐觉得，考 60 分也勉强可以接受，总比不及格强吧。而当他们看到自己孩子 70 分的考卷时，反倒会觉得非常高兴。

人的感受就是这样微妙，想要的越多，失望也最大。如果事先有最坏的打算，得到的意外惊喜也会翻倍提高。有一个公式可以对其进行佐证：失望 = 心理预期 - 现实；喜悦 = 现实 - 心理预期。在上述的事例中，现实（公司到年底只能发给员工一个月的年终奖金）是一个定量，失望或喜悦将随着心理预期的变化而变化。其中，失望与心理预期成正比，喜悦与心理预期成反比。心理预期越低，失望度越低，而喜悦的程度越高。所以，老板通过这个策略，成功操纵了员工的心理。试想一下，如果老板什么都不解释，什么行动都不采取，虽然年终奖已经是公司能够给员工的最大福利，但是又有多少员工会心存感激呢？说不准还有许多员工因为不满公司福利的下降而选择离职。如果出现这样的结果，公司在那样一个艰难时期将会雪上加霜。

那么，当我们认识到自己有可能在被他人操控时，我们又当如何去识别这些操控者呢？事实上，要辨认出操控者并不容易，因为他们不一定都张牙舞爪，反而可能是看起来和颜悦色，甚至是我们身边最亲近的人。并且，我们自身也会在某些情况下有意无意地对他人使用了操控手段。下面，我们就暂且总结和列举出三种最常见的操控者：

第一种可能是令我们敬重的前辈——当笑容可掬，彬彬有礼，看起来有修养、稳重且颇具威信的前辈向我们提出无理要求时，我们甚至忍不住从自己身上找理由为其开脱：这是睿智的前辈啊，是不是我自己的问题？我怎么能不服从他呢？

第二种可能是看似处于弱势地位的人——他可能看似柔弱无辜，惹人怜爱，拒绝他的请求，你会觉得自己像是在犯罪。

第三种可能是和我们有亲密关系的人——父母、配偶、兄弟姐妹，这些都是我们最亲密的人，一旦他们戴上操纵者的面具，就不那么可爱了。他们会态度迥异，为达目的采取一系列心理计谋。而正是因为关系亲近，他们了解我们的情感弱点，往往能看穿我们的真实想法，使得这种心理操控更加"高效"。

认识了这些操纵者的面目之后，我们还需要知道自己是如何被他们进行"合理化操控"的。操控者会不断使用他们擅长的手段与其他人进行互动，其操纵技巧十分细致微妙，能够渗透生活中的各个层面。同时，他们还会使用一系列的方法，去"合理化"他们的行为，让受操控者在不知不觉中丧失自尊和自信，并被操控者利用。

一、通过"自我牺牲"来实现对他人的操控

有一些操控者非常擅长利用正当的理由来合理化自私的行为。他们的口头禅是"我这么做是为了你好"或者"我是为了帮你才这么做"。但事实上并非如此，最终的获益者其实是他们自己。而当他们的谎言被戳破时，他们会宣称所做的一切行为都不是为了自己的利益，甚至还会对你说，做这件事让他们心里很煎

熬，将自己形容为"卫道士"。更有甚者，还会让我们觉得自己
很糟糕，因为我们竟然没有感激他们的"自我牺牲"。

二、通过"失望"来让被操控者产生内疚感

当我们让身边最亲近或是最重要的人感到"失望"时，我们
往往会有很深的愧疚感；当我们做了某些令操控者不满意的事，
或是没有达到他们的要求时，他们会毫不犹豫地表现出对我们的
失望之情，借此利用被操控者的内疚感，达成对自己有利的目
的。被操控的人必须要了解的是：当没有达成重要的人的期待
时，不需要因此而心怀内疚，因为每个人都有权利选择自己的
人生。

三、通过说你"过度反应"来否定你的感受

当你试图与操控者沟通，告诉他你有多么痛苦的时候，换来
的往往不是一句真诚的道歉。相反，操控者会否定你的感受，或
是让你觉得有这样的感受很愚蠢，并指出是你"过度反应"。他
们冷静的态度相较于自己敏感的情绪，让你开始自我怀疑，甚至
认同操控者的想法，并觉得表达自己的想法是一件幼稚的事情。

四、通过"指责"他人没有及时提醒来掩饰自己的过错

当情况不利于操控者时，他们往往不会承认自己的错误，而
是不断指责他人没有提醒他们哪些事该做、哪些事不该做，哪些
话该说、哪些话不该说。长此以往，你会开始自我怀疑，甚至感
到愧疚。此外，操控者帮助你时通常都是要你有所回报的。

五、通过认为你"没有幽默感"来抵御你对他的侵犯

这类操控者最擅长讲一些令人不舒服的言论，并且还自称只
是在和别人"开玩笑"。如果你因为他们的"幽默"而感到受伤，
他们甚至会认为你刻板。当你因为类似的言论而感到不舒服时，

不要否认你的感觉，认为自己是"过度反应"，你要正视内心涌现的情绪。

除此之外，操控者还惯用以下手段：

1. 恶意的批评——其实有时候并不是你的错，但是操控者会用自己的弱势地位来批评你，使你产生罪恶感；

2. 无理的要求——他们往往先从简单的，你易于接受的要求入手，然后含糊其词，迫使你不得不打破自己原有的原则；

3. 无法摆脱的依赖——他们会用真诚的眼神，亲密的语言、看似善意的行动来"攻克"你，为了满足他们的一己之私，你只能自我牺牲，甚至无底线地退让；

4. 甜蜜的胁迫——当你拒绝他们的请求时，用无辜、善良、真挚、坚韧的假象让你被迫接受。

既然操控者手段如此多样，我们要怎么做才能摆脱他们对我们的隐形操控呢？

第一，要分析自己的性格弱点。

你必须明白自己的性格存在哪些弱点。要知道，你可不是偶尔才答应别人的请求，也不是偶尔才为别人做好事，也许是你有拼命讨人欢心的习惯和心态，但这终究会让你感到身心疲惫。操纵者从来都是从小事试探我们的弱点和底线并加以利用的。

第二，培养自己说"不"的能力。

你是否有"情绪恐惧症"？害怕包括愤怒、侵略性，或敌对冲突等在内的负面情绪？为了最大限度地避开这些潜在的危险，你甚至会做出无底线的让步。你感到对人说"不"会让自己有负罪感，觉得自己很自私，因为你把说"不"等同于令人失望的退步。你也许缺少独立分析问题的能力，或习惯依赖于别人的判断和帮助,然后逐渐陷入为别人而活的地步——做他们希望做的事,以他人的利益为中心。一开始我们小小的选择和决定,会让操控者看穿我们的弱点和心理,也影响了工作的下一步走向。

第三,学会控制自己、淡化焦虑感并表明态度。

在你感受到被操控的压力时,给自己一分钟的考虑时间,迅速冷静下来,思考如何做出正确的决定,这将大大提高你对局势的控制权。接下来,淡化自己的焦虑感、恐惧感和罪恶感,千万不能迫于内心的感受而屈从于操纵者的摆布。要知道,面对操控者,一味回避没有任何作用,你必须积极回应,但可以采用迂回策略。例如,刻意提及对方亲近的家人朋友,让对方产生代入感:如果自己的亲人也在遭受这种操控,该是多么糟糕的状况。如果对方仍继续操控,那么你可以直面对方,表明独立的态度,告诉对方你将自己做主,明确双方的行为界线,表明重新界定双方行为和建立个人空间的决心。

关于操纵者的行为密码

几乎不会有人愿意承认自己的行为是受到他人操控的，尤其是当这些行为看上去的确是出于自身的主动时。但是，当冷静下来仔细回想，有些人可能就会发现，自己一直以来都在违背自己的真实心意，自己的行为或多或少受着其他人的因素影响。这时，就应当警惕，自己的思想是不是已经被他人操控了。

事实就是，一个人的思想和行为是完全有可能被他人操控的，而不论是被操控者，还是操控者，这种操控行为本身都有可能是完全无意的。一个人，当他做一件事，并非是完全依照内心，而是出于愤怒、自证、胆怯等理由时，就要开始小心了，因为这有可能是思想被他人操控的表现。

我的一位咨询对象曾讲述过这样一件事。她叫小美，从记事起父母的感情就一直不好。父亲因为工作性质经常两三天才回家一次。但是小美并不盼望父亲回家，因为不知什么缘由，只要父母一见面就会大吵。

在小美上小学二年级的时候，一天晚上，父母不知为什么事又争吵起来，吵得特别凶，最后都动起了手。父亲重重的拳头落在母亲身上，母亲无力招架，躺倒在地。小美吓呆了，不顾外面的瓢泼大雨，直接跑了出去。她拼命地跑向爷爷奶奶家，想让他们去阻止这一切。后来爷爷到了，但妈妈已经晕倒在地。爷爷急忙把妈妈送到了医院，好在经过治疗，妈妈并无大碍，很快就出院了。妈妈想要跟爸爸离婚，但是经过爷爷奶奶的劝导，又想到还有年幼的小美，妈妈只好作罢。但是从那时起，小美开始恨爸爸了，恨他为什么这样对待妈妈，更不明白为什么这一切会发生在自己身上……

小美开始变了，学习成绩一落千丈。从前那个爱说爱笑的小姑娘不见了，在学校里她不再同好友一起玩耍，并开始厌学，一个人发呆。后来，小美甚至不愿意去学校。因为她害怕她不在家的时候，爸爸会对妈妈动手。而在家里的时候，小美也不敢再多说半句话，因为她怕自己的一举一动会引起爸爸的不满，从而迁怒于妈妈，她害怕妈妈再次受到伤害。

就在这样的环境里，小美渐渐长大了。随着年龄的增长，爸爸的脾气不再暴躁，虽然和妈妈有时也有争吵，但是不再拳脚相加了。小美和爸爸的关系也逐渐缓和，不再那么记恨爸爸了。但是，妈妈就不同了，她变得特别强势，但凡是小美的成绩有所下降，或者做错了什么事，妈妈都能数落她半天，而且说得最多的话就是："你这样做对得起我吗？我为了你，忍气吞声，就是为了给你一个完整的家……"，"妈妈这辈子都是为你而活了……"，"你不能离开妈妈，如果离开，妈妈也没有活下去的理由了……"

因为妈妈的原因，小美选择在本地就读大学，毕业之后就在家门口找了一份工作。其实她是多想去外面的世界看看啊，欣赏不同的风景，感受不同的文化。她好想像她的同学们一样，去大城市工作，但是内心的声音告诉她，她不能，她不能对不起妈妈。

转眼间，小美工作已经五年了，她出落得越发亭亭玉立，身边的追求者众多。但是妈妈总是对这些追求者指手画脚，认为他们配不上小美，小美自己也不想踏进婚姻的大门，一方面是因为她恐惧婚姻，另一方面是怕自己离开导致妈妈伤心。可是，时光匆匆，转眼间小美就快30岁了。她不停地问自己："我到底该怎么办？"

在这个故事中，小美毫无疑问是这个家庭悲剧的受害者，她的母亲其实就是操纵者。操纵者并不是总以凶神恶煞的面目出现，有时候他们就是我们身边最亲近的人。小美的母亲通过让小美产生负罪感，对她的大脑进行了重塑，使她性格变得内向，让她失去了很多自我发展的机会。小美的心灵其实已经形成了巨大的创伤。

在任何一段关系中，如果我们不再感到快乐，取而代之的是负罪感、失落感，此时，多半是因为这段关系中出现了操控者。那么，具体来讲，我们到底应该怎样面对亲子关系呢？

正如龙应台说的那样，"我慢慢地、慢慢地了解到，所谓父女母子一场，只不过意味着，你和他的缘分就是今生今世不断地在目送他的背影渐行渐远。你站在小路的这一端，看着他逐渐消失在小路转弯的地方，而且，他用背影告诉你：不必追。"

再举一个事例，桃桃和小杰结婚一年多，在结婚前他们的关系一直很亲密，极少有争执。但自从结婚后，桃桃就感觉小杰好像变了一个人似的，对她处处打击，很不耐烦。

他们婚后一直和小杰的父母在一起居住。后来新房交房了，桃桃感觉特别兴奋，上网查看了很多装修方案。她倾向于装修成田园风格。当她把自己的想法告诉小杰后，他却泼给了桃桃一盆冷水，"你懂什么，我是学设计的，如果田园风格装不好，一点格调都没有"。桃桃自觉说不过他，话到嘴边硬是咽了下去。后来，到了贴瓷砖的环节，她一边对比装潢画册一边说："我觉得，厨房的装修选深色会比较好，耐脏。""拜托，厨房弄得那么暗，哪有什么生机，米黄就好了，不改了，就这样。"小杰根本就不给桃桃任何反驳的机会。桃桃不是一个无理取闹的女孩，但是真的被小杰的冷言冷语搞得不知所措。

后来的情况更加糟糕，小杰对桃桃的冷暴力变本加厉了。像桃桃这样在家庭中有过类似遭遇的人并不在少数。女人都很敏感，很多时候只是希望你尊重她的感受，而不是蛮不讲理，一定要按照自己的想法行事。但是偏偏有些男人爱耍聪明，对另一半说的每一件事总习惯当机立断地下定论，不等对方说完话，就一盆冷水泼下去，把对方热情瞬间浇灭。或者用其他方式一直打击爱人的自尊心，其实也是在变相地操控对方。丈夫和妻子是最亲密的关系，也是最容易操控彼此的人，但凡你的另一半有如下行为，那么你真的要小心了，因为他/她确实是在变相操控着你：

一、在言语上故意贬低对方

时不时用开玩笑的口吻来贬低你，比如："唉，这点事都干不好，你说你能干点啥……""你的工作能力也就那样吧，别抱什么幻想了……"不要小瞧这样的玩笑话，想象一下，一个和你朝夕相处的人时时在你耳边打击你，全方位贬低你，源源不断地给你输入否定自己的负能量，很快，你就会产生自我怀疑，觉得自己真的是那样一无是处，渐渐丢掉曾经的开朗和自信。

二、在感情上孤立对方

在婚后，很多男生会要求自己的妻子把重心放在家庭上，当你想和朋友出去放松一下，他不是不允许你出门，而是在你回来之后对你发脾气。如果你置之不理，那么就要面对他的臭脸和冷战。日久天长，你很容易屈服，你和朋友的交流少了，心理上也就更依赖丈夫了，就这样陷入一个恶性循环。

三、在事业上劝你放弃

原本，你也是个有梦想、有追求、有职业规划的女人，可是结婚后，有些经济条件比较好的丈夫就会劝你放弃工作，做一个全职太太。他们会说得很冠冕堂皇："亲爱的，以后我养你吧！""亲爱的，你就在家看孩子吧，挣钱的事交给我就好……"如果你感动了，听信了，放弃了自己正在上升期的事业，那么往往度过一段短暂的安逸生活之后，你会发现未来迎接你的是数不尽的屈辱和眼泪。其实，对方让你放弃工作，也是控制你的一种手段。工作不只为你带来经济独立，继而带来尊严，同时也是你与外界沟通的渠道。让你放弃工作就是把你与外界所有交流的渠道都堵死了，这样才能用婚姻的借口更好地对你进行洗脑。

四、在思想上对你进行洗脑

不得不说，有的人确实口才很好，黑的能说成白的，死的能说成活的，无耻的勾当也能说得义正词严。比如婚内出轨，还能义正词严地找各种理由，例如，责怪妻子对他的生活不够照顾，不够体贴，不能及时发现他的心理问题，才导致自己感觉不到家庭的温暖……看，这么不道德的行为还能说成是对方的错误。我相信，有些妻子真的会反省，是不是自己做得不够好，而间接导致了丈夫的错误行为。

作为我们身体指挥中心的大脑，有着极强的可塑性。大脑有一种能力，叫作"神经可塑性"，指的是神经连接和修改能力。我们的大脑拥有终身的可塑性。由于我们每天与不同的环境打交道，大脑为了适应外界刺激，就会不断地进行自我修改。当你一直受到同一种刺激时，负责这个功能的脑神经质便进行连接，并加以巩固。当人长期处在被打击的状态下，整个人自然而然地就会变得极其不自信，进而会影响到生活、工作的方方面面。所以，最亲密的人往往是影响你最深的人。当你发现你的配偶有以上诸多的行为时，他/她可能没有意识到已经对你进行了隐形的操控，但是我们自己要及时警醒，通过深入的交谈或朋友的帮助，及时让对方认识到自己的错误，也避免让自己受到更大的伤害。

小强大学毕业之后，便进入了当地一家知名企业，在销售部门工作。他心思活络，做事勤勉，很快适应了销售方面的工作。两年之后，小强就已经可以自带团队，独当一面了。

因为刚当上了个小头目，所以小强有些飘飘然。在一次销售部门的会议上，因为一些理念的不和，小强直接在会议上指出了经理的提案在实施上可能出现的问题。部门经理当时没有说过多的反对意见，反倒称赞小强思维开阔，表示会将小强的思路考虑进去。

小强团队里有一两名比他资历老的员工，本来他们是平起平坐的关系，现在小强成了他们的上司，有时候不免会闹点情绪。有一次，因为报表上的某个数据错误，小强在晨会上批评了其中一位老员工。结果，这位员工通过私人关系找到了部门经理的助理，向他抱怨了小强性格强势，不把老员工放在眼里。这些话过了不久也传到了部门经理的耳朵里，再加上之前在部门会议上的事情，经理对小强的印象不算太好了。

再后来，也是流年不利，因为种种原因，小强所带的团队丢失了一个重要客户。虽然之后小强通过提高其他客户的销售额，让季度任务勉强达成，但是，部门经理对小强的印象已经很差了。

在这之后，经理在部门会议上严肃批评了小强的失误，并让所有人引以为戒。除此之外，经理还从别的团队调去了一个副手，美其名曰辅助小强的工作，其实很多工作直接交给副手去做了。看到此情景，小强只好识趣地主动向人力资源部门提出了申请，希望调离现任岗位，到其他部门工作。

领导也不是神，而是人，是人就会有七情六欲、喜好和憎恶。一旦你过于直率，不小心惹怒了他们，性格大度、爱惜人才的领导们可能不会与你一般见识，但那些心眼儿小、性格扭曲的上司，就会睚眦必报。

一般而言，在工作中，当你的领导对你有以下表现时，你就必须要小心了：

1. 冷落。这是很多领导对付不听话的员工的惯用办法。说直白一点，这就好比夫妻之间的冷战，不沟通，不交流，工作完全进行冷处理。他们要让你自己去思考，想明白了再敲开他们的办公室去给他们道歉。否则等待你的就是工作的处处被动。这样，用不了多久，他们就能让你的心冰冻到极点。

2. 打压。这是领导烦你、看不惯你时会采用的手段。他们会抓住你工作中的缺点和不足，当着全体同事的面狠狠地批评你，仿佛这一切全都是你的错，甚至把你说得一文不值。总之，就是话怎么能打击你他们就怎么讲。

3. 树敌。当你自以为很满足的时候，当你认为上司离不开你的时候，当你高调得过分的时候，相信你的上司已开始物色其他人手，用不了多久，要么从内部为你树立一个不相上下的对手，要么给你空降一个"助手"放在你身边。这样会使你的压力倍增，最后你要么乖乖地听话，要么默默地退场。

4. 对换。当你在工作过程中，由于某些原因，让你的上司看不惯你或者对你非常恼火，但又因为一些特殊原因，暂时无法公开批评你的时候，他们就会和其他部门的负责人进行交易，以重用你、培养你为借口，把你对换出去。并告知你，等你学习一段时间后再让你回来，而一旦你离开了，想再回来是比登天还难。

其实，我们不得不承认，工作开展得是否顺利，和上司相处得是否愉快，会直接影响到我们的心情，进而影响到我们的生活。如果我们的工作受到了上司的认可，你可能会心情愉悦，但是如果你今天工作受挫，上司批评了你，你可能很长时间都耿耿于怀。所以，上司其实也在一定程度上操控着我们，而我们也在有意无意间努力成为他们欣赏的人。

父母、配偶、工作伙伴和上司，他们都是和我们的生活和工作联系最为紧密的人。而也正是他们，通过一系列的行为，直接或间接影响到我们思维的方方面面。希望读了上述的文字之后，作为读者的你可以有所启发，及时掌握一些操纵者常用的套路，避免我们的大脑受到一些不良情绪的影响。

识破操纵者的假面

尽管我们都希望自己可以在生活中占据主动权，但是那些会左右我们行为的操纵者无处不在。而最难以防范的是，操纵者有时是陌生人，有时是身边最亲近的人。我们在不知不觉中被操纵着，渐渐对自己的人生失去掌控。因此，我们要学会识别操纵者，对操控行为有所警觉，并且一旦识别，就要去努力摆脱这种境遇。

简单来说，我们与他人的关系可分为两种：人身依附关系和人心依附关系。

一个婴儿是没有自我意识的，他的自我就是母亲。如果母亲不见了，他的自我就丢失了，会因为不安而开始哭泣。而一个人的自我如果消失了，他在心理上就陷于危险状态。随着年龄的增长，我们会有一种内化母亲的能力，这个时候，我们的自我意识就形成了。也就是说，母亲虽然不在身边，但是我们可以靠内心母亲的力量来安抚自己。如果我们早年内化安抚者的过程遭到了干预，比如父母没有那么好地安抚我们，反而给了我们更多的惊吓，那么我们的内心就会无法完成从人身依附到人心依附的转化过程。这尤其表现在亲密关系中，会呈现出婴儿模式，甚至无法离开一个不爱自己的人，不得不接受对方的操控。

在很多时候，我们对自己不够自信，不敢表达出自己内心真正的想法，总是习惯屈服于别人的意志，优先满足别人的需要，而忽略了自己的感受。并且，你还经常在心里为那些操控者开脱：他们是我的亲人啊，亲人怎么能够违抗呢？他是我的前辈啊，前辈的请求总不能拒绝吧？他是我的丈夫啊，他最了解我了，他说我不行，那我估计是真的没这个能力了……

其实，除了一些特别老练的操控者，他们通过各种套路来操控你，大多时候操纵者对自己的操控行为是不自知的，因为他们从内心深处并不是要故意操控你。而且，研究表明，有些操控者表面强势，其实内心很自卑。这样的人在试图和他人建立关系的时候，往往会不由自主地去操控别人。只有在他人完全处于自己的掌控之下，他们才会觉得安全。这其中的逻辑是："我是个如此不讨人喜欢的人，没有人会因为真正喜欢我这个人才跟我在一起。所以唯一能够让他们留在我身边的方法就是，我通过感情（金钱、地位或其他方式）来控制他们。"这也是为什么大多数控制欲强的人，内心极端自卑的缘故。由内心的自卑，对自我价值的否认引发不安全感，从而导致万事都要控制的需求。这是一种很悲惨的恶性循环。所以，由此可以看出，大多数操控者都是"纸老虎"。如果我们想要摆脱这些隐形的操控，最重要的就是塑造内心强大的自己。

除此之外，更要做到不轻易地接受他人暗示。无论是面对同事还是朋友，上司还是下属，陌生人还是老熟人，你都要擦亮一双慧眼，衡量话语探索的尺度。从每个人的言谈举止中捕获他们的性格特征、生活习惯，从每个人的生活细节中了解他们的气质秉性、所思所想。学会不动声色地识破操纵者的图谋，建立心理防线，避开心理陷阱。采取有效的对策从他们的控制网中逃脱。

从另一个角度讲，你被操控，同时你也在有意无意中操控他人，这就是心理博弈。心理博弈在社会交往中存在着普遍性，无论你扮演的是什么角色，只要你还在与外界发生着信息交换与人际往来，就会与他人产生相互的博弈。这些博弈带来的影响有正面的，也有负面的。负面影响会把你带入死角，将你禁锢在一个笼子里；而正面影响可以让人与人之间的积极情绪进行交换和补充，激发各自的潜力。所以真正高明的博弈不是与对方拼个你死我活，而是正面的心与心的对等沟通。当对方有了"你这么为我着想，我愿尽我所能去帮助你"的想法时，你就是这场博弈中最大的赢家了。

在职业咨询的过程中，有客户对我说起过这样一个经历。某医疗器械公司销售员小赵，因为熟悉公司产品，工作勤勉，所以基本上每月都能实现 10 台以上器械的销售，他的销售成绩在全公司名列前茅，因此深得公司经理的赏识。但是因为种种原因，有一个月小赵预计到月末销售成绩会下滑。深通人性奥妙的小赵，在月中报告会上对经理说："由于市场和政策原因，这个月的销售量可能会遭遇滑坡，最多只能实现 5 台器械的销售。"经理点了点头，对他的看法表示赞成。没想到到了月末，小赵竟然实现了 7 台器械的销售。公司经理对他大加赞赏，并在月末总结会上着重表扬了他。

假若小赵没有提前向经理报备，到月末的时候，小赵虽拼尽全力，器械也只是销售了 7 台，公司经理会怎么认为呢？他会强烈地感受到小赵退步了，不但不会夸奖他，反而可能批评他。在这个事例中，小赵把最糟糕的情况提前报备给了经理，使得经理心中的期望值变小，因此当月业绩出来以后，对小赵的评价不但不会降低，反而提高了。小赵成功地操控了经理的心理，所以，谁说员工就不能操控上司了呢？

再举一例，刘女士是一家公司的普通职员，很少演讲。一次，她所在的公司被当地一家电视台邀请，进行一期节目的录制。刘女士作为公司代表参加了。在节目中的一个环节，刘女士被要求进行演讲。面对专业的主持人和节目编导，她的开场白是："我是一名普普通通的公司职员，很少演讲，也说不出精彩的理论。如果我哪里说得不好，恳请各位老师不要笑话……"经她这么一说，听众心中的期望值变小了，许多听众看她态度诚恳，也专心地听她的讲话。她简单朴实的演说完成后，听众们感觉好极了，一致认为她的演说水平很不错，纷纷报以热烈的掌声。刘女士成功地操控了这些听众，打赢了这一次普通人 VS 权威人士的"战役"，完成了一次华丽的转身。

其实，上文中的小赵和刘女士，只是运用了一个简单的心理效应——冷热水效应。先放置一杯温水，保持温度不变，另外再拿一杯冷水和一杯热水。当先将手放在冷水中，再放到温水中，就会感到温水很热；但是先将手放在热水中，再放到温水中，就会感到温水凉了。同一杯温水，出现了两种不同的感觉，这就是冷热水效应。这种现象会出现是因为人人心里都有一杆秤，只不过秤砣并不一致，也不固定。随着心理的变化，秤砣也在变化。当秤砣变小时，它所称出的物体重量就大，当秤砣变大时，它所称出的物体重量就小。人们对事物的感知，就是受这秤砣的影响。我们可以看到，小赵在当月开始进行销售工作之前，先给经理泼了冷水，等到实际业绩出来之后，又给经理端了盆温水，经理自然喜出望外，对他赞赏有加。其实器械能销售多少小赵心中早有数，但是稍微用点冷热水效应，就成功地改变了经理的心理。刘女士也是如此，其实在演讲之前，她已经做了充分的准备，只不过在开始时把自己的姿态放低，相应地，他人的期望值也降低了。当她表现还不错时，他人的评价自然而然就更上一层楼了。当我们面对一个陌生的环境时，别人或许对你有很高的期望，这个时候，为了避免出现让别人失望的情况，也可以用一下冷热水效应。比如刚入职场的新人，如果你没有把握能一下站住脚，不妨先把自己的姿态放到最低，这样，当你表现还不错时，别人会对你格外满意。切忌为了逞一时口舌之快，面对有挑战的任务时，盲目自信，夸下海口，当结果不尽如人意时，不仅受到的是上司的责备，更重要的是，丢失了别人对你的信任。

操纵者最常出现的几种面孔

可能我们生活中的大多数人不喜欢操纵别人，更不愿意被别人操控。但是我们现在所处的社会，本来就是一个相互联系的整体。因此，熟知操纵者常见的面孔，不但可以避免被人操控，也提醒自己，不要在不知不觉中成为让人厌恶的操纵者。

一、"你报答我的时候到了，毕竟我曾经对你那么好。"

安妮刚参加工作没多久，每个月的工资除去日常开销以外，剩下的零花钱所剩无几，但她是个懂事又节省的女孩子，即便是这一点点的零花钱，她也从来不大手大脚地乱花。因为她计划攒一笔钱，等到母亲快过生日那天，为母亲买一条项链。安妮知道，母亲独自一人将她抚养长大非常不容易，为了她，母亲甚至将当年父亲送给她作为定情信物的项链都忍痛卖掉了。所以，安妮最大的心愿就是用自己人生的第一份工资为母亲重新买一条项链，以表达自己对母亲这些年辛苦付出的感谢。

然而，就在母亲生日的前夕，安妮却将攒下来买项链的一万多元钱借给了她的好朋友朱莉。起初，朱莉张口向安妮借钱的时候，安妮的内心是拒绝的，因为一万元对安妮来说并不是一笔小数目，况且朱莉借钱只是为了抢购某品牌限量款的包包而已。因此，安妮委婉地告诉朱莉，自己可以借钱给她，但一万元太多了，她拿不出来，可朱莉却说："安妮，你对朋友太不够意思了！当初你四处找工作的时候，如果不是我在表姐面前替你美言，你觉得你会那么顺利地进入现在的公司吗？我对你那么好，你居然就这样报答我？连一万元都不愿意借给我？"听了朱莉的话，安妮的脸一下子红了，是啊，如果不是因为朱莉的表姐正好在自己现在公司的人力资源部门工作，朱莉又在她表姐面前为自己引荐的话，说不定自己还在到处面试，为找工作而头疼呢！想到这里，朱莉有些动摇，可是她本来就不富裕，攒下来的那笔钱还要为母亲买项链，到底是借还是不借呢？就在安妮犹豫时，朱莉接着说道："算了，你不肯借我也不会为难你，我只是很失望，原来你是这样一个不懂得知恩图报的人。"说着，朱莉摇着头就要离开，安妮吓得赶紧拉住了她的手说："我借给你！"

安妮明白，自己将这笔钱借给朱莉的话，自己就不得不将为母亲买项链的计划推迟，而如果不将这笔钱借给朱莉的话，一旦朱莉在她表姐或者安妮的同事面前说自己的坏话，就会因此丢掉工作。安妮找到了个安慰自己的理由："毕竟我欠人家一个人情，正好借这个机会还了，我也可以了却一件心事了。"

在生活中，你会发现这样一种"好心人"，他们会在我们尚未向他们提出任何帮助的请求时，就已经给予了我们所需要的一切，当你满心欢喜地向他们表达自己的感谢时，他们会故意向你透露自己为了帮助你是多么的不容易。然而，如果你拒绝他们的帮助，他们又会积极地表示自己是心甘情愿地帮忙，甚至故作生气，认为你拒绝他们是不把他们当朋友看待。就这样，你最终接受了他们的"好意"，但你不知道的是，这种"好心人"并非真的大公无私、不求回报，相反，他们会像一个精明的商人一样，在脑子里或本子上详细地记录自己何时何地为你提供过怎样的帮助，一旦日后他有什么用得到你的地方，或者你们之间发生什么冲突时，他就会将当初的帮助拿出来，作为一种威胁你的手段来达到自己的目的。如果你感到为难或干脆拒绝时，他便可以站在道德的制高点上来谴责你、绑架你，仿佛你是一个自私自利、不知感恩的浑蛋，或许直到此时你才明白：哦，我原来被他操控了！

而这种操控行为背后的准则，便是被人类学家罗宾·福克斯和奥莱尔·蒂格尔定义为人类的一种适应机制的"互利性原则"，即操控者利用了人们畏于社会舆论约束而难以对人情债说不的心理，从而实现将心理关系变得不对等的目的。因此，对于这种操控行为，我们要做的便是从现在开始，调整心态，勇敢而坚定地拒绝那些别有用心的"好心人"的帮助。告诉他，这些事情你自己就可以搞定。被拒绝了几次之后，这些"好心人"便会发现你不再受他们操控了。同样的情况，我们自己，尤其是女性朋友，也要注意避免对自己的丈夫或者朋友使用类似"当初要不是我为你……"或者"我都为你付出了这么多，你怎么可以……"这样的话。因为你要明白的是，有些付出其实是你自己心甘情愿的，对方并没有逼迫你，而如果你以此作为等价交换的砝码，那么换来的也只能是怨恨罢了。

二、"我的话就是真理，你必须服从。"

我认识一个小伙子张鹏，他有一个儿子非常淘气，已经无数次点燃了他心中的怒火，以至于他气得口腔溃疡。

张鹏每天下班回家，打开门的那一刻，原本稍稍平息的怒火又一下子着了起来，因为他看到自己的儿子正躺在沙发上睡觉，旁边的作业本都掉在了地上。张鹏一边大吼一边难以抑制地甩了儿子两个响亮的耳光。然后，张鹏气冲冲地将儿子推进了他的屋子，并将作业本扔给了他，将屋门反锁了起来。张鹏觉得在对儿子的教育方面，他绝对不能心软，只有这样，他才能维护自己做父亲的权威，才能让儿子以后乖乖地听他的话，就这样，张鹏索性不理儿子，直接出门喝酒应酬去了，直到他喝得醉醺醺地回来，打开儿子的屋门，才发现儿子晕倒在地，额头烫得吓人，他慌得赶紧将儿子送往医院，但儿子从此沉默寡言，对张鹏形同陌路了。

绝大多数的专制型操纵者所拥有的共同点就是他们往往都十分争强好胜，在团体中则往往表现为积极的领袖式人物。他们不会轻易承认自己的错误，也不太容易体谅弱者的心情。因此，想要摆脱这种人的操纵是很不容易的，不过好在心理学家还是为我们提供了一种持续的、相对有效的方法，我们可以称为"过分同意"，即尽管专制型的操控者认为自己的话不容置疑，我们与之争论毫无益处，但如果我们表现为对他的话永远赞同，甚至是"过分同意"的时候，他反而会因为你的这一转变而产生迷惘，进而失去了他原本认为可以掌控一切的优越感和自信心，其意志力也会因此而被削弱。这时，我们便可以趁此机会"表面坚持，私下调整"，进而慢慢地将局面改善过来。这种"过分同意"的方法所使用的原则其实就是通过逻辑性地引导事态的发展，从而表现出其不合理之处，即"归纳于荒谬"。

"他是如此富有魅力，令人难以拒绝。"小琳在某公司担任会计员，这天，她刚到公司，就发现女同事们都一脸兴奋，这也难怪，公司刚刚招来一位总经理助理，据说长相堪比韩国当红男明星，今天是这位男助理上任第一天，女同事们早已迫不及待地要一睹他的风采。不过，小琳是一个非常稳重内敛的姑娘，她对守在助理办公室附近看帅哥没有任何兴趣。她觉得还是好好工作，努力赚钱才是正事。因此，小琳径直走进了自己的办公室，将女同事们的叽叽喳喳声关在了门外。

不知不觉便工作了一上午，小琳来到茶水间准备接一杯水，可不小心被开水烫伤了。

"美女，你没事吧？"一个温柔的男声突然在耳边响了起来，小琳忍着痛抬眼望去，发现一个高大的男生正一脸担心地看着自己。小琳竟鬼使神差地脸红了。"要不要我送你去医院看一下？"男生说。其实小琳觉得去医院有些小题大做了，但看着男生那张帅气的脸，她竟然毫不犹豫地点了点头。

在去医院的路上，小琳才知道原来眼前的男生居然就是那位"未见其人，先闻其名"的新聘男助理，而更让小琳高兴的是，男生似乎对她很有好感，一路上对她十分体贴，让小琳忍不住有些想入非非。

但让小琳没有想到的是，几天后，男生开始不断地找她帮忙，先是帮他替领导订午餐，然后是帮他替领导写会议发言稿，到了后来，男生甚至开始要求小琳为他违规报销聚餐费用等。可是，小琳居然都毫不犹豫地一一答应了。尽管答应之后她也经常后悔，但这种后悔很快就被另外一种感觉给淹没了：他是个帅气又温柔的人，这样富有魅力，简直就像个明星，为他帮一点小忙，这是我的荣幸啊，我怎么可以拒绝和后悔呢？

连小琳自己都没有意识到，男生那帅气而温柔的外表背后，其实暗藏了一副操控者的面孔，这种操控者非常善于向人们展示通常被认为是非常具有魅力的一面，比如健康的体格、较好的外貌、幽默的言语、从容的举止、雄厚的背景……他们用所有这些魅力因子将自己包装起来，然后向对方发号施令以满足自己的愿望。而值得玩味的是，人们也会不自觉地认为这样的人物所说的话仿佛就是真理一般（即便真相往往相反），但人们还是选择了相信。并且，事实上这是人的一种本能的反应。只是，为了防止被这种魅力型的操控者所左右，反操控者必须具有强大的内心。在这个时候，我们通常要考虑以下两方面的问题：

一、"他是权威，难道能质疑吗？"

权威效应在我们的生活中十分常见，以至于在现实中，骗子在从事某种非法活动时，都喜欢给自己冠以某传承人、某专家的名号。他们利用权威的力量不知不觉地影响你、操纵你。有时候我们自己为了说服他人，也会不自觉地引用某位权威人士说过的话。我们试图通过这种形式让对方信服，让自己的话语更有分量。因为权威人物本身就是说服力的象征。我们对权威人士无比信任，习惯于给他们罩上一层智慧的光环。

至于权威对我们的操控有多厉害，可以参考一下米尔格伦的"服从权威实验"。"服从权威实验"，又称权力服从研究，是一个非常知名的针对社会心理学的科学实验。这个实验的目的是测试受测者在遭遇权威者下达违背良心的命令时，人性所能发挥的拒绝力量到底有多大。实验过程是这样的：志愿者被告知参加的是"体罚对于学习行为的效果"的实验，他们扮演老师，隔着一堵墙，只能通过声音和里面由米尔格伦安排的演员扮演的学生交流，互相看不见对方。实验者被给予一个 45 伏电压起跳的电击器，被告知可以电击对面的学生以帮助其提高学习效果。如果学生答错题目，就给予一次电击惩罚，每一次电击的电压都会提高。演员扮演的学生会发出预先录制好的惊叫声。随着电压提高，惊叫变成惨叫，直到电压高到一定程度演员会突然保持沉默，停止作答。结果证明，有65%左右的实验者会按照主试的命令将实验进行到底。实验结束后的人格测试表明，这些实验者中没有一个人是虐待狂，甚至没有任何人格上的缺陷。他们没有任何不良嗜好。这便证明了米尔格伦之前的假设——人们会服从权威的命令做一些违背道德伦理的事情，不是因为其具有服从性的人格，而是当时权威暗示的情景所致。

并不是每一个人在权威的压力下都会丧失自我。而正是这些不畏惧权威的人，警醒着我们，不迷信，不盲从，要思辨。

小泽征尔是世界著名的音乐指挥家。一次他去欧洲参加指挥家大赛。在进行前三名比赛时，他被安排在最后一个参赛，评判委员会交给他一张乐谱。小泽征尔以世界一流指挥家的风度，全神贯注地挥动着他的指挥棒，指挥一支世界一流的乐队。在演奏中，小泽征尔突然发现乐曲中出现了微小的不和谐的地方。开始，他以为是演奏家们演奏错了，就指挥乐队停下来重奏一次，但仍觉得不自然。他不禁怀疑是不是乐谱出了问题。这时，在场的作曲家和评判委员会权威人士都郑重声明乐谱没问题，而是小泽征尔的错觉。他被大家弄得十分难堪。在这庄严的音乐厅内，面对几百名国际音乐大师和权威，他不免对自己的判断产生了动摇。但是，他考虑再三，坚信自己的判断是正确的，于是，他宣布："一定是乐谱错了！"他的喊声一落音，评判台上那些高傲的评委们立即起立，并向他报以热烈的掌声，祝贺他大赛夺魁。原来，这是评委们精心设计的"圈套"。前面的选手虽然也发现了问题，但都放弃了自己的观点。

在生活中，我们并不是要全盘否定权威，而是要不迷信权威，不被权威所操控。首先，要知道权威也是人，也是由普通人成长起来的，是人就有犯错误的可能；其次，权威不是全能的，在某一方面强并不代表在所有的方面都强；最后，要学会辩证地思维，要有透过现象看本质的能力，不被权威的光环所迷惑。

二、"我弱势，我有理。"

我的咨询者小敏曾说起她的经历。在大学毕业之后，她选择回到家乡，并通过招聘考试进入了当地的一家国企。入职之后，领导安排经验丰富的李姐带小敏。李姐在单位工作了十年有余，工作热情已经被消磨得差不多了。几年前，李姐做过一次大手术，后来很长时间身体都不是太好，需要时不时去医院复查，所以经常请假。单位的领导和同事也都知道她的情况，也算很照顾她。小敏进入企业之后，李姐请假更加频繁了，并且把手头的很多工作都交给了小敏去做。小敏本来有自己的本职工作，再加上业务不太熟练，每天一刻都不敢放松，才能勉强把自己的分内之事做完。当李姐把自己的工作推给她之后，她只好加班加点，每天很晚才能下班。就这样过了一段时间后，小敏委婉地向李姐表达了自己工作负荷太重，希望李姐自己完成本职工作的意思。结果李姐说道："我身体一直不好，你还年轻，正是积累工作经验，提高业务水平的时候，多了解一下企业的各项工作，对你的成长很有好处啊。"小敏只好接受了。李姐还有意无意地跟同事透露，小敏工作不积极。同事们纷纷对小敏说："小姑娘应该多做事，少说话，把工作交给你是锻炼你，要珍惜机会啊。"小敏不禁纳闷，怎么变成自己的错了？

通过表达自己的弱势这一方式来操控别人，在工作、生活中是很常见的一种模式。这些人会通过"装可怜"来让别人对本不该自己负责的事情产生责任感。李姐正是利用自己身体不好这一理由，把本该自己完成的工作推给了小敏。职场新人在碰到类似的情况时，一定要问问你自己，是否愿意把时间和精力花费在仅仅只想利用你的人身上？

在社会上，类似的例子也不胜枚举：一位老人因为自己坐过站，却嫌弃司机不停车，口中还骂司机欺负他年龄大了；地铁上一位大姐嗑瓜子，并把瓜子壳扔了一地，被乘客提醒，就一路胡搅蛮缠地说："我跟你什么仇什么怨？我自己身体不好，吃点东西怎么了！"菜市场卖豆芽的商贩私自添加工业原料泡发豆芽，被工商局查处，还理直气壮地还击："你们跟我这个下岗职工一般见识有意思吗？"

其实，我们很容易因为别人处在弱势之中，而产生同情心。操控者正是利用了我们的同情心，而向我们寻求支持和帮助。他们往往通过展示自己的苦难来获得我们的帮助。所以，如果一个人一直在做出伤害他人的行为，却又经常以弱者的姿态出现来博取你的同情，那么，我们基本上可以判定，他是一个操纵者。当我们面对他的不合理诉求时，从一开始就要明确表达出自己拒绝的意思，不给他任何侵犯我们合理利益的机会。

经典心理操纵模式分析

为什么传销可以拉拢那么多年轻人入坑？

为什么PUA可以毒害那么多女孩子的心理？

为什么星座算命可以获得那么多人的采信？

……

所有这一切的背后，其实是这些活动的施害者对心理操控方法的利用。因此，要避免被人操控心理，我们就必须熟悉理论上经典的心理操控模式，通过知己知彼，继而有针对性地进行自我保护。

一般而言，经典心理操控手段有以下几种：

一、通过无限赞美对方来获取信任并进行操控

心理学上有一个重要的原理叫作"乌比冈湖效应"，其来源于美国20世纪80年代中期的作家盖瑞森·凯勒。在凯勒笔下有一个虚构的小镇，即乌比冈湖小镇。对于这个镇上的居民，凯勒开玩笑地描述称，这里所有的男人都十分俊美，所有的女人都十分能干，而所有的孩童也都十分与众不同。凯勒的这一描述，便被称为是"乌比冈湖效应"，即人们在绝大多数的情况下都可以进行较为理性的决策，然而，因为我们每个人实际上都存在一个较为脆弱的自我，这个自我会导致我们产生一种奇特的现象——自我本位偏见，当面对残酷的外部世界时，这个"脆弱的自我"会本能地刺激我们采用各种不同的手段来保护自己不被现实侵

害。因此，我们的大脑在此时便会开小差，令我们失去理性，进而作出事后都觉得不可思议的决定。最终，我们会在这种"自我本位偏见"下，认为自己真是出类拔萃、不同凡响。成功是源于我们自己的努力和才干，而失败则是他人的过错和命运的不公。我们将来会干出惊人的事业……这种近乎自我欺骗的心理效应，就是"乌比冈湖效应"。而懂得该效应的施害者，往往前期会对侵害对象进行无限的赞美，来满足其内心的自我本位偏见，从而获取他人的信任，使之在不知不觉中对施害者言听计从、毫不怀疑。

我接触过这样一个女孩子小孟，结识的一位所谓的通灵师经常握着她的手，借口分析她的手掌纹路来预测其性格命运，慢慢对小孟进行自我本位意识的激发。他告诉小孟其实她和一般人不一样，拥有非常准确的直觉、超人的想象力和创作才华，并且为人十分细心温柔，懂得为他人着想。在这位通灵师的不断赞美和诱导之下，小孟当了真，坚定地认为自己将来一定会在文学创作上大获成功。所以，每次当通灵师要求她购买一些所谓"能量巨大的手串"来助运或避邪时，小孟总是乖乖地掏出钱来。小孟对通灵师的赞美的受用，不正是"乌比冈湖效应"的体现吗？

二、通过不断否定对方来建立权威并进行操控

还有这样一个案例：小童原本是一个自信、优秀的女大学生，可是，当她在学生会活动中认识了自己的男友张某之后，一切都开始变得不正常了。张某开始不断地向小童灌输一些扭曲的价值观，并在语言上不断否定小童的能力和自我认同。渐渐地，小童的负面情绪越积越多，在学习和生活中由于状态不佳也经常碰壁，因此，她真的怀疑自己的水平和能力了，并逐渐对张某的

说法深信不疑。在这个案例中，小童由于张某通过不断否定其价值思想逐渐被控制。无论是文化教育水平多高的人，如果不能提高心理防线，任由自己暴露于有心之人不断否定和打击的圈套中，就容易失去独立思考和判断能力，并对自己的世界观、价值观等产生怀疑，进而选择对否定者进行精神依赖。

三、通过测试对方反应来见风使舵并进行操控

我有一个朋友丽莎曾约我去拜访一位据说"十分灵验"的算命大师。到了这位"大师"的工作室，他先是用放大镜观察了丽莎手掌的纹路后，便开始向丽莎描述她的个性，而丽莎听后也是频频微笑点头。描述完个性之后，这位"大师"又拿出了水晶球和塔罗牌，他要求丽莎洗一叠塔罗牌，然后凭直觉从中抽取一张最合眼缘的牌放到桌子中间。丽莎照做后，"大师"先生一边观察塔罗牌一边开始他的解说，他先是称塔罗牌显示丽莎最近有遭受身体上的疼痛的危险，见丽莎没有什么反应，"大师"继续说塔罗牌所显示的丽莎在各个方面的运势，而当提到情感方面的预测时，"大师"发现丽莎的神情有了微妙的变化，便迅速猜到了她的心事，于是，他继续根据塔罗牌的显示说了下去。当这位"大师"提到家庭成员的去世时，丽莎面无表情，但提到朋友亲密关系的破裂时，丽莎却很明显地有了抑制情绪的表现，所有这些"大师"都一一看在眼里，并若无其事地继续为丽莎算卦。最后，他在总结时笃定地告诉丽莎："这张塔罗牌表明您和爱人的关系已经破裂了！"丽莎惊讶不已，对"大师"在其他方面的预测结论也就深信不疑了，在我们离开他的工作室时，丽莎还给这位"大师"的通灵服务打了满分。我在一旁看得真是哭笑不得。其实，丽莎不知道的是，这位"大师"并非是可以通灵，而是巧

妙地利用了心理学上的"鱼和叉效应"而已。

所谓"鱼和叉效应",是指在人与人的对话过程中,由于信息是双向作用的,倾听者往往可以根据对方的言语、行为、动作、表情、神色等来及时获取对方的内心想法,进而根据对方的反应来不断改变自己的语言和行为,见风使舵,但并不会让对方知道自己真实的目的和想法,从而实现对对方的心理操控。比如,人们在向算命大师进行咨询时,话题无非就是健康、人际、事业、爱情和子女等,而聪明的"大师"便会将这种"鱼和叉效应"发挥到极致。他们通过不断地向咨询者抛出各类话题,来测试他们面对不同话题时的反应并进行猜测和记录,就像很多优秀的政治家或销售员一样,通过收集大家的反馈来作出相对合适的调整,最终使对方在不知不觉中产生信服的感觉。

四、通过委屈示弱来引起对方内疚并进行操控

让我们来看这样一个案例:小陈性格活泼,喜欢出门,但她的男朋友小李只希望小陈做一个没有社交的"家庭女友"。一开始,小陈对小李的这种无理要求十分不满,但是,每次她出门回来后,小李就会抱着她深情地哭诉,称自己在她离开后,只剩他自己孤独一人,他有多么伤心和委屈,又有多么担心小陈在外面会不会遇到危险,而他却无法时时刻刻守护在她身边……一来二去,小李的这种"深情告白"对小陈起了作用,每次面对小李的哭诉,小陈也开始认为自己不顾小李的感受是一种十分自私的行为。小李那么爱她,自己却如此任性,让一个深爱自己的人遭受这样的心理折磨。因此,小陈的心里越来越内疚,最终决定改变自己的性格,遵从小李的要求,整天和小李待在家里,最后甚至连工作都辞掉了,专心在家里陪伴小李。

在这个例子中，男友小李看似是弱势的一方，其实却是一个不折不扣的心理操控者，他利用小陈对自己的感情，以及人们通常的同情心和怜悯心，以退为进，在小陈拒绝了他第一次的要求之后，自动调整了双方的优势地位，装出一副自己饱受委屈、无比自卑的样子，并不断对小陈进行内疚刺激，最终使得对方将拒绝他的要求视为一种极大的"不道德"。

五、通过利用选择关注来迷惑对方并进行操控

还有一个十分著名的心理学效应——"达特茅斯印第安人队与普林斯顿老虎队效应"。这个效应源于 1951 年的美国大学生足球赛，顾名思义，对阵的双方分别是达特茅斯印第安人队与普林斯顿老虎队。由于比赛方式十分粗暴，达特茅斯印第安人队的一个队员摔断了腿，而另外的普林斯顿老虎队的一个队员则鼻梁骨骨折。按理说双方都损失惨重，可奇怪的是，双方的校报对本次比赛的报道却截然相反，达特茅斯校报称普林斯顿的队员应该对这次比赛的球员受伤负主要责任，而另外的普林斯顿校报则大叫委屈，认为是达特茅斯队在搞鬼、不遵守规则才导致比赛失控。为什么明明是同一场比赛，双方的口径却如此不同呢？是媒体的偏颇还是消息在传播过程中出现了错误呢？对此，社会心理学家阿尔伯特·哈斯托弗和哈德利·坎特里尔分别对当时观看了这场比赛的两个大学的学生进行了采访调查，询问他们比赛当时的真实情况。采访调查的结果却表明，尽管两个大学的学生观看的是同一场比赛，但由于双方的角色不同，关注点也就不一样了，所以对比赛的观感和记忆也同样产生了差异。例如，当被问到"比赛中是否是达特茅斯队的队员先动粗"时，86% 的普林斯顿学生都给出了肯定的回答，而给出肯定回答的达特茅斯学生只有该校

接受采访调查总人数的 36%。因此，心理学家将这种"选择性记忆"称为"达特茅斯印第安人队与普林斯顿老虎队效应"。

通常，一些骗子在假装通过观察咨询者的手掌纹路而给出性格预测时，往往就会利用这种心理效应来实现对咨询者的操控。他们在描述咨询者的性格时，往往会使用具有两面性的描述。比如，他会将咨询者描述为一个敏感的人，但与此同时也十分务实肯干，或者将咨询者描述为一个别人眼中敢于直言进谏的人，但其实内心深处十分保守羞涩等。在这种情况下，由于通灵师在咨询者无意识的情况下给出了可供咨询者选择倾听和记忆的答案，而根据"达特茅斯印第安人队与普林斯顿老虎队效应"，咨询者往往不会去注意骗子答案中的问题所在，而只会惊讶于描述本身如此"准确"，但其实准确的并不是骗子的预测，而只是咨询者有选择性地去关注和听取了骗子对其自身性格的描述而已。也就是说，他们只是听到了他们认为正确的描述、想要听到或者关注的答案，而对于那些他们潜意识里认为不正确的描述，则选择忽略。这就是利用选择关注来操控他人的模式。

其实，这些操纵模式看似很神奇，但说到底也就是一些基本的心理社交手段罢了。只要我们对这些经典的心理操纵模式有所了解，能够在被操控时懂得及时抽身，并有针对性地予以反击，便可以摆脱施害者的操控，实现自我保护。

运用处境分析的反操纵策略

洗脑，从心理范畴来讲，指意识的强制性灌输，属于精神控制的一种手段，旨在通过意识同化来促成某种目的的达成。简单来说，洗脑是被人用一种经过设计的方式灌输了某种观念。无论荒谬与否，这种观念在短时间内或者不被干预的情况下长久存在于被洗脑者的观念之中。当然，当你看到这里，可能会付之一笑，或嗤之以鼻，自己这么理性的人怎么会被洗脑呢？

可能我们大多数人都不会经历诸如传销这样暴力的洗脑过程，让我们先从日常生活中"温柔"的洗脑说起。换言之，可称为心理暗示或者心理诱导。

其实在日常生活中，我们无时无刻不处在"被洗脑"的情境中。比如在超市，你真的觉得是自己掌握了购物的主动权吗？商家一般会把最高利润的商品摆放在目光所及的地方，而把零食摆放在与儿童身高相近的位置，或者让儿童产品直接"席地而坐"。常用的生活用品一般都摆在最里面，很多时候你只是想买个鸡蛋，却逛了整个超市，并随手买了一些并不是刚需的东西。对商家而言，顾客逗留时间的延长就意味着更高的营业额。所以，超市通过巧妙的设计，主动对顾客的心理进行了干预，从而影响了我们最终的商品选择。整个"洗脑"过程，你毫无察觉。所以，通过这个例子，我们感受到了洗脑的强大魔力。那么接下来，我们来揭开洗脑的"面纱"，具体谈谈在哪些情况下最容易被洗脑呢？

一、受到强烈欲望驱使时

微信的出现极大地方便了我们的工作和生活，而朋友圈也成为我们记录生活和了解他人的一个重要途径。但不知从何时起，微商的出现使得我们的朋友圈变了味儿。商品刷屏，效果吹嘘，不胜其烦。但有心人不难发现，身边做微商的朋友多是以失败告终。

例如，我知道的一个案例：莉莉自从生完宝宝后，就赋闲在家，无经济来源，日常开销都是向丈夫要钱。莉莉平日里几乎不给自己买东西，但是在某次下定决心买了一件特别喜欢的裙子之后，遭到了丈夫的痛骂。莉莉憋屈很久的情绪爆发了，她下定决心一定要自己挣钱。刚好那段时间看到朋友圈有人炫耀自己通过做微商买了车和房子，家庭幸福美满。莉莉当时很是羡慕，希望自己也能活成那样。于是就和她聊起来，得知跟她做某种产品就可以轻轻松松月入过万。虽然半信半疑，但是由于迫切想摆脱现状，莉莉最终下定决心开始做。

据她后来的描述，刚开始交了几百元的培训费，然后被拉进了一个群，很多人欢迎她，说以后一起加油，一起挣钱之类的话。当时莉莉还感觉很是振奋，终于找到了志同道合的伙伴。群里天天讲课，教她怎么发朋友圈，怎么宣扬产品，然后每个大的代理传授成功经验。每天都有人晒自己的成果，自己卖出去多少货，挣了多少钱。莉莉看了之后很是眼红，于是进货，一开始她就进了 5 万多元的货，当然钱都是跟别人借的。莉莉开始了每天的刷屏，但是结果可想而知，除了亲戚朋友消化了一小部分产品之外，其他的货物都堆积在了自己手里。而莉莉最终也幡然醒悟，正是微商利用了自己渴望改变现状的强烈愿望，自己才被洗脑，落入圈套中。

回归到心理学层面，人类欲望是由人的本性产生的想达到某种目的的要求，是世界上所有物质最原始的本能。远古时代单纯的人类，最简单的欲望就是生存，而生存的必要条件就是物质。所以，为了自己种族更好的繁衍，我们的祖先无数次地将这些需求的欲望深深刻入我们的基因之中。所以，当你被对方成功洗脑，并不是因为他的口吐莲花、口若悬河，只因对方准确地找到了你的"欲求"，并加以利用；或者他所描述的愿景恰巧与你的理想一致。那么，是不是说明我们不应有欲求呢？答案当然是否定的。我们应该正视自我，剖析自我，对自己做出正确的评价。了解自己的欲望，剔除那些过度欲望，避免因一时冲动而被那些过度欲望操纵。只有这样，方能守住初心，避免掉入被洗脑的陷阱。

二、信息来源被切断时

洗脑最基本也最狠辣的招数就是切断你的信息来源。不言而喻，信息被封锁的状态下，人容易产生心理上的不安全感，同时会对信息表现出极度渴求的状态。所以，恰如其分地提供对方想要的信息，就能达到控制他人心理的目的。

历史上的两国交战，一国对敌方进行思想改造，一般采取的措施就是把他们分开关押，禁止说话、看书等一切活动。然后就开始向他们灌输新的思想。并且为了强化这种思想，往往实行分别对待、奖罚分明的制度。接受了新思想的人，就可以开始与人交流，读书看报。这种思想表示抗拒的人，就继续采取关押模式。反复多次，大多数的战俘都可以被思想改造。

吴大卫是某外企的副总，主要负责市场的运营与维护。日子过得风平浪静，虽然时不时加班或出差，但是团队努力，主管领导赏识，吴大卫倒也是精神焕发，干劲十足。后来，因为总部人员调整，他的主管领导被派往外地。空降的新领导因为在团队建设、市场维护、新市场开拓上与他的意见相左，所以，他们上下级的关系相处得并不融洽。此时，领导给吴大卫派了一名助理，让他转交部分工作。在此之后，领导在分配工作时，刻意避开吴大卫，直接与助理沟通。吴大卫渐渐感觉自己离开了权力的中心，心情郁闷至极。他思索再三，主动向公司的人事部门提交了离职申请。

在第一个例子中，只是简单粗暴地切断了人的信息来源，并通过奖罚分明的措施强化洗脑效果，以达到操控者的目的；第二个例子，是逐渐让你远离信息源，从而在心理上产生不安，被迫接受对方对你洗脑的目的。领导并没有直接辞退吴大卫，但是通过切断信息源的方式，对他的心理进行了干预，使其主动提出了辞职申请。从心理学上来讲，以上构成了洗脑的三个基本要素，即切断信息源、垄断信息解释权、奖罚制度加权。

三、处于群体压力下时

从日常生活中不难发现，人在群体中更容易受到某种思想的引导。我们会发现，骗子总是以开会招待等名义把人聚到一起，用简单的口号暴力洗脑，煽动造势。从心理学上来讲，这涉及人的从众心理。人的生物原始本能就是群居从众，当你进入人群中的时候，会感受到群体的压力，下意识地保持同化来避免被排斥。但是因为人群中每个个体的性格变量太大，只有共同的目的和思想能得到保留，就是所谓的"共识"。因此，人群基数越大，去个性化的现象就越严重。其结果就是自我意识、自我道德约束力和判断能力低到几乎消失，此时，你距离被洗脑成功也就不远了。

小洁经常会去一家面馆吃午饭。她最喜欢的是西红柿鸡蛋面，每次去了都是不看菜单，直接就点。

有一天，她正好和团队里的两个小伙伴一起过去吃饭。其他人都是无肉不欢的人，所以在点餐的时候，在好几种肉菜之间犹豫不决。小洁就简单了，朝服务员一点头，"老样子，西红柿鸡蛋面！"然后就静静地等着旁边的人做出决定。结果一位小伙伴把菜单翻来覆去好几遍，还是不知道吃哪个好。

这时，旁边另一个人突然说道："那给我也来一碗西红柿鸡蛋面吧！"

"好，两碗西红柿鸡蛋面！"服务员利索地总结了一下。

这时，那个一直犹豫不决，无比纠结的小伙伴合上了菜单，看着服务员说："要不，我也来一碗西红柿鸡蛋面吧。"

小洁一听就笑了，"你们两个都跟我学什么？你们不吃点肉吗？"

"我们也换换口味，看来看去也不知道吃什么好，就和你点一样的吧！"旁边的小伙伴也笑着回答道。

小洁点了一碗西红柿鸡蛋面，结果后面喜欢吃肉的人，也跟着她接二连三地效仿。这个时候，从众就发生了。所谓"从众"，是指在有真实或想象的群体压力之下，群体内成员为了保持行为一致，做出的行为或者信念改变。分析一下这个定义，从众可能会在两种情况下发生：一是当我们真实地感受到一种群体压力的时候，如果我们不和群体内的其他成员保持一致，那会产生消极的后果。因此，现实的压力迫使我做出与他人一致的行为。二是有时候这种群体压力并不一定真实存在，而是我们想象出来的，但这想象的群体压力，同时会让我们担心消极的结果，不得不与大家保持一致。其实，说简单点，就是由于群体压力的存在，或者假想存在，让我们常常会跟随别人的行为，以此来避免自己显得很无知或者不符合规矩。

四、角色使命感强烈时

我们每个人都在生活中扮演着不同的角色，而每个角色都被社会赋予了使命，规范着我们的思想和行为。但是过于被强化的角色使命感就使人不知不觉地进入了套路。

1971年，津巴多教授召集了几十名心理健康的美国名校大学生，让他们在为期几天的实验中扮演狱警。为了增加这些实验者的"角色感"，津巴多教授还给他们统一配置了制服、警棍等。结果发现短短的几天时间，这些平时彬彬有礼的大学生就开始辱骂囚犯，甚至开始虐囚。实验结束后，这些实验者都不敢相信自己在过去几天的行为。通过这样高度的角色化：高昂的口号、整齐的步伐、一致的制服，让他们处于高昂的情绪中，被情绪左右，丧失了理智思考能力。他们忘记了恐惧，敢于舍生忘死，变得没有道德和原则，肆意而为。因为他们不再是自己，而是"角色"。

这就是著名的"斯坦福监狱实验"。为什么会这样？平时我们每个人都有自己的性格和行为准则，但是一旦被强制进入了某种角色，我们就不自然地表现出这个角色被期许的行为，而不是自己性格所体现的行为。我们的个性消失了，被角色化了。换句话说，我们已经不再是我们自己，而是这个角色。角色的使命感会使一个平凡善良的人到了战场上变成制造大屠杀的机器；会使一个很普通的人采取无所畏惧的自杀式袭击。这是因为他们在长

期的被洗脑中丧失了"个体感",把自己完全当成了集体的一个
角色,并只会做这个角色"理应做的事情"。

五、人格自信被摧毁时

最严重的洗脑就是在经历了信息切断,一系列的奖罚制度加
权,被洗脑者对自己产生了严重的怀疑,人格自信完全被摧毁。
当然,这种极端的洗脑方式或许我们在日常生活中接触不到,也
希望我们一生都不曾遇到。但在生活中存在类似的洗脑方式,在
心理学上被称为"习得性无助"。

王亮不爱学习,甚至可以说对学习恨之入骨。他为何如此讨
厌学习?因为他考试总是不及格。物理不及格,数学考试也不及
格。而且,数学老师还甩着鲜艳的笔在他的试卷上批道:"卷面
潦草,思维混乱,简直不是人写的!"他开始想要好好学习,想
争第一,却又认为自己怎么也无法做到。说起从前,他也有过辉
煌的成绩:小学连续三年三好学生;在本市"希望杯"竞赛中获
得过二等奖;小学毕业直接被保送到初中。然而,升入初中后的
第一次摸底测验,他只排在全班第 21 名,从此便丧失了自信心,
连他最喜爱的数学课也懒得听……结果恶性循环,学习成绩越来
越差。

美国心理学家塞利格曼曾通过实验提出了"习得性无助"的
概念,它是指有机体遭受接连不断的失败和挫折并被不当归因和
评价所左右时,便会感到自己对一切都失去控制,从而对自己的
行为丧失信心的心理状态。在不少学生身上,尤其是在"后进
生"身上,"习得性无助"表现得尤为明显,正如上文中的王小
亮。我国从古到今,存在着"读书至上论",认为"万般皆下品,
唯有读书高"。来自社会的、家长的、教师的压力,使得学生非

常重视考试成绩。但是在他们成长过程中的心理需要和心理危机却遭到了忽视。另外，还有一些家长和教师对学生的学习期望过高，常常提出一些超出他们力所能及的要求，使他们无论怎样努力都达不到要求，经常性地处于一种受挫折状态。久而久之，学生就会产生一种焦虑情绪，遇到困难就放弃努力，产生习得性无助感。

当然，这只是自信被摧毁的初级阶段。塞利格曼在习得性无助理论中对无助感形成的过程进行了分析。根据他的理论，无助感的产生过程可以分为四个阶段：第一，获得体验，努力进行反应都没有结果的状况被称为"不可控状况"。在这种状况下人会体验到各种失败和挫折。第二，在体验的基础上进行认知，这时会感到自己的反应与结果没有关系，产生"自己无法控制行为结果或外部事件"的认知。第三，形成"将来结果也不可控"的期待。"结果不可控"的认知与期待，会使人觉得自己对外部事件无能为力或感到无所适从，自己的反应无效，前景无望，即使努力也不能取得成果。也就是说，"结果不可控"的认知和期待使人产生了无助感。第四，表现出动机、认知和情绪上的损害。

在美剧《权力的游戏》中，铁种家族的王子——席恩·葛雷乔伊被剥皮人抓住，经历了一系列的折磨后，变得完全丧失自我，甚至主动为剥皮人攻打自己家族。当时剥皮人所用的手法包括：单独禁闭，切断信息源；强迫他叫自己傻瓜，摧毁自尊；强迫他承认自己没有犯过的罪行；通过一定的服从来赢得"恩惠"，比如攻打自己家族后被赏了个热水澡。通过这些行为，席恩最终进入了"习得性无助"的阶段，由重复的失败或者惩罚而形成听人摆布状态，面对现实完全无可奈何。即使席恩的亲姐姐来救他，他也不想跟姐姐走。极端的洗脑就是不光降低一个人的认知能力，更是直接摧毁他的整个认识体系，让他不敢做任何尝试，只会服从。

洗脑就像催眠，人往往在不知不觉中就中了圈套。因此我们要学会控制自己的欲望，不能成为欲望的囚徒，并努力提高自己面对未知事物的思考能力，不盲从。通过各种方式提高自己的认知力，不被任何角色所困。在无力改变现状时，学会倾诉、学会求助，时刻提高警惕，逃离被洗脑的命运。

第三章 /

一半是同谋，
一半是受害者

真相隐藏在迷雾之中

心理暗示是人的自我意识中有意识和潜意识之间的沟通媒介。很多人都曾意识到心理暗示的存在，可是从来没有感知到其背后所蕴藏的巨大能量。

1999 年，美国俄亥俄州曾发生令人震惊的千年音乐踩踏事件。从表面上来看，一般人都以为之所以发生踩踏事件是因为人们在观看演唱会的过程中，情绪过分激动才造成了这样的人间悲剧。可谁曾想，这其实是一个利用心理暗示的力量进行犯罪的典型案例呢？在这次事件中，演唱会的主角——歌手维尼尔森从一开始就一步步地向观众展开了心理暗示的攻势，从而成功地将观众拖进了自己所预设的事件轨道上来。

首先，他特意将此次音乐会的门票设计成了一个很明显的"脚"的形状，这就给了人们第一个暗示点。音乐会门票的形状原本是无关紧要的，然而对于人来讲，"脚"和"踩"的动作又是紧密相连的，这就使得观看音乐会的人们不得不通过这一张简简单单的门票联想到"踩"，只不过，由于这种联想动作是在我们的潜意识里完成的，所以人们很难察觉到自己完成了一系列被人预设的行为动作。

其次，由于维尼尔森的乐队是一支摇滚乐队，演唱会上的曲目具有较强的节奏感，因此，观众们的脚便会不由得随着鼓点节奏而律动，发出"踩"的动作。而在演唱的过程中，维尼尔森也不断地重复着"踩"的动作，甚至把自己的贝斯手撂倒在地，不停地踩，这也就在潜移默化中给了观众第二次暗示，使得他们不由自主地跟着他一起随着节奏踩地。

再次，在演唱过程中，维尼尔森与观众的互动也促使他完成了第三次暗示：他开始与歌迷们互动，哪一边踩脚的声音大，舞台上的灯光便会转向哪边，同时他也便会望向哪边。与一边的观众深情对望，而对于歌迷来说，这莫不是一次宝贵的奖励，所以他们欣喜若狂地接受了这种暗示，那些没有被灯光扫到的观众于是纷纷拼了命地踩脚，想要被维尼尔森注意到，被灯光扫到的观众则踩脚踩得更加卖力，想要维持住这份"殊荣"。在这样的条件下，维尼尔森顺利地完成了第三次暗示。

最后，演唱会结束后，观众们拥挤着散场，此时，喇叭里依旧播放着那种律动感超强的摇滚音乐，脚印的图案在大屏幕上突然显现。于是，人们立刻接受了这种指令，又开始"踩"，而这个时候，只要有一个人不小心倒地，这种踩踏的悲剧就很容易酿造了。

或许，有的人会认为这种看法太过荒唐，怎么可能办得到呢？但只要静下心来仔细观察，你就可以读出此次事件中所隐藏的奥秘，即维尼尔森所凸显的"脚印、踩、摇滚、音乐"这四个关键词。这次踩踏事件的发生的确是一场公共事件，但歌迷不是凶手，只能算得上是一针催化剂，一个踩踏事件的"执行者"。在演唱会上维尼尔森对歌迷所进行的不断暗示，让他们在不经意间按照自己的本意行事，也就是这些一系列的暗示，让观众们在听见音乐以后不由自主地开始踩脚，从而发生了踩踏事件的惨剧。

从这一事件中我们可以看出，人们之所以会做出一系列不理智举动，其实很多情况下都是由于收到了一些"语言外的信号"，也就是所谓的暗示。暗示是一种操控别人潜意识的方式。对此，路易斯教授曾发表过这样的言论：人类除了语言，还能使用70万种以上的信号来交流意识。而这些信号，其实都有着一个共同的名字——暗示。

暗示用含蓄的语言、示意的举动或通过制造某种气氛来影响人们原有的行为方式和心理状态，让人们对某些并不存在的东西也表示出深信不疑。在社会生活中，没有人可以完全摆脱并抗拒暗示的力量。在暗示的条件下，人们会对自己的行为方式在短时间内失去控制。此时，人们都会采用和依靠自己的本能反应。一般来讲，接受暗示的人并不会意识到自己的意识和行为受到了某些外界因素的影响，而把它视为自身内心深处的力量所驱使的一种行为，这也是暗示的力量的强大之处，也是它最可怕的地方。

仔细揣摩，在1999年美国俄亥俄州千年音乐踩踏事件中，这个案件中的很多细节都体现了不同种类的暗示，而这些暗示则是通过对潜意识的操纵来实现的，像维尼尔森带头示范和引导人们随着摇滚音乐的律动而不断踩地，这种方法类似于心理学当中的催眠疗法。维尼尔森利用音乐使人们沉浸在其节奏中达到一种放松的精神状态，加之简单的动作进行引导，从而使观众在毫无戒备的情况下开启了自己的潜意识，使其成功制造了这场慌乱。

在社会经济市场下，暗示的作用也无不体现在我们身边。例如，很多产品的营销策略就体现着"暗示"的作用：电视机上总会有大量广告一遍一遍地播放，宣传产品的功能、作用以及优点好处，人们在潜移默化中形成对此种商品正面的积极印象，进而在购买同类商品时对此种商品就会优先考虑；而在炒股方面，很多人大量购入同一种股票，也必然会使很多股民跟着追投。这些例子都向我们说明了一个道理，那就是在生活中处处都有暗示的影子。

暗示是人类最简单、最典型的条件反射。从心理机制上讲，暗示是一种被主观意愿肯定的假设，不一定有根据，但由于人在主观上已经肯定了它的存在，所以就会在心理上竭力趋向于这项内容。每个人都能利用心理暗示的这一作用来调节和控制自己的言行举止，同时也可以利用这一点去影响和引导他人。没有任何人能抵抗得了暗示的力量。因此，我们也经常会被一些别有用心的暗示所利用和影响，比如名人代言的广告陷阱、股评家的煽动、别人每天的衣着和外表等，一旦我们潜意识的防线被别有用心的人突破，我们的潜意识将会被操纵和控制。那么，我们必将像提线的木偶一般被人牵着鼻子走却浑然不知。

在千变万化的社会生活中，我们又应该识别并且防范哪些别有用心的暗示呢？

1. 真正了解暗示是什么，以及其发生作用的特殊规律

心理暗示是指人接受外界或他人的观念、情绪、判断、态度影响的心理特点。在心理暗示中，潜意识是其内在核心。当处于某个环境时，人们会时时刻刻被这个环境影响，这是因为这种环境给予他的心理暗示让他在不知不觉中得以适应，把它视作了一种习惯。并且，要知道潜意识的形成并不是一蹴而就的，而是一个潜移默化的过程，同时存在一定的重复性，正如我们平时在电视机中所见到的重复的广告，便是利用其重复性对我们进行心理暗示，进而达到其所期待的效果。从这一点来看，我们真正需要警觉的便是那些在不经意间经常向你提到同一个问题的人，或许他就是在对你进行心理暗示。因此，若想减少暗示对你所造成的

伤害和影响，我们就必须牢牢通晓和掌握其本质和发生作用的规律。

2. 时刻牢记多问几个"为什么"

在暗示过程中，并不是意志越坚定、毅力越顽强的人越容易摆脱，相反，此类人更加容易被外界突破。此类人的主观性较强，因而不易受到外界的影响和干扰，而正是由于这种极高的专注力，才使得他们更容易接受暗示而被引入深度催眠。所以，假如你已经识破对方的这种诡计，为何不采用"反问策略"呢？多问几个"为什么"，反客为主，打乱提问者的计划，既可以避免自己从正面担责，又可以借助"为什么"，使对方露出马脚，揭露其真正目的和意图。

3. 学会自信，抵抗暗示

在当今社会我们不难发现很多平时看起来生机勃勃、充满活力的人，一旦知道自己患了某种不治之症后，精神就会迅速变得萎靡不振、茶饭不思，进而导致病情迅速恶化。相反，那些思想积极，认为自己并没有什么大病，病症也并未对自己的生活造成什么影响的人却往往在进行复诊时被发现病情有所好转，甚至有的还能不药而愈，这其中很大部分原因当然是因为心理暗示。

4. 要想不受他人影响，必须懂得心理暗示定律

第一，确信定律。当你对某件事情持百分之二百的确信时，终有一天，它可能就会变成现实。因此，我们对任何事情都应有所怀疑，仔细斟酌思考。第二，期望定律。当你对某件事情过分期望时，它也许就会发生，所以我们必须控制好自己的欲望，时刻反省自我。第三，情绪定律。人的任何时候的决定都是情绪化的产物，所以，我们在思考问题时必须保持理性。第四，因果定

律。有因才有果，一切事情的发生必然有其源头。第五，吸引定律。当你正在专注地思考某一件事情或者某个人的时候，和这件事或这个人相关的人和物都会被你吸引过来。第六，重复定律。不断在你眼前重复的事情，大多都会变成现实，因此，我们也应提防那些在你面前不断重复同一话题的人。第七，积累定律。不积跬步无以至千里，不积小流无以成江海。任何成就的达成都是由一桩桩、一件件的小事积累而成的。第八，辐射定律和相关定律。任何事物都不是孤立存在的，都与旁物有着或多或少的联系。联系是普遍存在的，某个问题的解决也应从与其相关的小题入手。第九，专精定律。它是指人只有"专"于某个领域，才能"精"于某个领域，而只有专精于某个领域，才能在此领域得到发展，做到出类拔萃。第十，替换定律。当你遇到不喜欢的事情或者习惯时，便可以用某种你喜欢的进行替换。第十一，惯性定律。一件事情只要你不断地去进行重复，它终究会成为你的一种习惯。第十二，显现定律。当一个人坚持不懈地去追寻一个问题时，它的答案终会显现。第十三，需求定律，只有满足并尊重别人的需求，别人才会尊重你的需要。

　　总之，暗示作用虽然是人们的一个正常心理现象，但暗示作用也有一定的社会危害性。在生活中，有些人总会对暗示有较强的反应，他们容易无条件、非理性地接受一些正确或非正确的观念和说法，而很多犯罪分子，如传销组织便会利用这类人的特点，通过暗示对他们进行洗脑，使之接受一些错误的，甚至毫无边际的言论。因此，我们大家一定要正确认识心理暗示的作用，不要偏听偏信。

判断与行动力不足

在当代社会，行动力不足已经成为一个普遍问题，而这种问题更多地存在于年轻群体当中。从各网络平台的舆论风向也可以看出，一方面，当下年轻人往往行动力和判断力严重不足；另一方面，他们又无比懊恼自己的这一表现，甚至很多人陷入思维的怪圈中，对自己产生厌恶之意。

他们不明白自己为什么无法做到那些能力范围之内的事情，当看到其他人获得成功时，他们会觉得，这份成功原本应该属于自己。那些创意，那些方案，他们也曾经勾勒过，甚至他们最初的设想更加完美，他们唯一的遗憾就是没有把那些想法付诸实施。

他们以为自己欠缺的仅仅是行动力，但那并不是问题的根本。其实，他们之所以缺乏行动力，是因为他们有所依赖。

可能是家庭，可能是朋友，可能是一份刚够温饱的工作……总之，这些都会令人产生依赖性，而一旦有了依赖，便很容易丧失行动力和判断力。

小敏并不是家中的独子，她还有一个骄纵的妹妹——苗苗。在小敏的家庭中，爸爸更喜欢妹妹多一些，而妈妈则比较喜欢小敏，这也就导致了小敏从小就对父亲和妹妹不太亲近。在小敏十三岁那年，她的妈妈生病去世了，而小敏与父亲那种并不亲近的关系也决定了父亲对她的生活并不是那么上心。后来，小敏的姑妈不忍心看着这么大的孩子承受这些痛苦，便把小敏接到自己家来抚养，一直到她20岁。

在这一年，小敏找到了一份收入不高，但很稳定的工作，而此时的父亲却因生意失败，欠下一身债务。于是，他暗自授意苗苗去找小敏蹭吃蹭喝来缓解自己家中的经济压力。作为普通职员的小敏收入并不高，还要留出一部分钱为生病的姑妈买药治病，这样算下来，她每月仅能留给自己500元作为生活费，可是妹妹从小骄纵惯了，不顾家庭现状，花钱仍然大手大脚。

其实，人与社会打交道的过程，是一个时时刻刻都在受到外界影响和操纵的过程，换句话说就是心理上进行"博弈"的过程。在这个过程中，人与人并不是完全独立的。无论你从事什么职业，无论你在社会上扮演什么角色，都无法避开这种来自心与心的博弈。在很多情况下，这种博弈并不能被我们直接觉察到，但它会将我们置于一种两难的境地，而在这场博弈中，判断和行动力的不足会导致依赖心理的产生。具有依赖性的人则会失去自身的独立性，极其容易受到外界消极因素的影响，最终使得自身在博弈的过程中处于不利地位，成为他人的猎物，小敏的故事便向我们说明了这一道理。

从妹妹的行为举止中我们可以发现，她是一个具有典型依赖性的人。在整个故事中，她连一日三餐都要依赖姐姐，她从来不会对自身的错误进行反思。在此案例中，苗苗和小敏便是典型的依赖者和被依赖者的形象，她们处于一种戏剧性的生活模式之中，无时无刻不被紧张的生活气氛笼罩着。

依赖心理的形成是一个长期的过程，是多重因素长期作用的结果。从心理学的角度来看，依赖心理是一种消极的状态，对人的独立人格的形成起着负面作用，影响着人的自主性、积极性和创造性等个性的发展。

从出生成为婴童开始，我们便对家人，尤其母亲有一种特殊的依赖，可以说，依赖是我们与生俱来的，而很多人把这种对被依赖者的依赖当作是一种与他人关系的铁证。从这方面来看，不少成年人仍然处于婴童时期，对两个独立体的边界还存留着模糊的认识，也就是说，他们无法辨别自己与被依赖者是两个独立体系。

一位朋友曾拨通热线电话向我吐槽道："我和我家人的手脚全被弟弟捆住了，他一直不肯自己独自生活，尽管他已经大学毕业，但他仍认为自己是个孩子，在大学毕业之后也不肯去找工作来养活自己，仍然靠着我和母亲生活。可是，在家里又不肯帮家里做一丁点家务。在他看来，这个年纪不是干这么多活的时候。别的同龄人会为自己的将来做打算，可是他并没有兴趣去做些什么。他自从大学毕业便待在家里和朋友们吃喝玩乐，每次我们提议让他出去找工作时，他总会异常巧合地'生病'……他就这样毫不费力地寄生。"

在朋友的倾诉中，弟弟的无助使他本身从依赖者逐渐变为操纵者，处于更加有力的、主动的地位。弟弟操纵着哥哥和母亲，利用自己的"软弱无能"，利用自己和他们二人的关系——哥哥不会忍心向自己的弟弟说不，母亲顾忌儿子的感受，处处溺爱。他们的这种妥协也在不经意间传递给弟弟这个"依赖者"一种信息：母亲和哥哥这两个被依赖者不敢也不会拒绝自己，这让弟弟在潜意识里形成并接受了"我真的还小"这种错误的信息，进而一次次地助长了依赖性，使得他变本加厉。为什么会造成这种局面呢？其实，对于弟弟和哥哥来说，在他们双方的内心深处，多多少少都有着那么一些怕被别人拒绝的恐惧，也就是现代心理学中提到的"被拒敏感"。

从广义上讲，依赖者与表演者别无二般，他们都是在操纵别人。但是，二者在追求上又有着细微差别，表演者追求的是观众的目光和掌声，而依赖者则通过展现自己柔弱的种种方面，来引起别人的关怀备至。

从另一方面来看，被依赖者的心理大多数是不够成熟的，通常他们也愿意通过这种讨好别人的方式达成目的，如果牺牲自己的利益能够获得别人对自己的称赞与肯定，他们定然不会违背他人的意志。正是被依赖者的这种想法为他们自己的内心上了枷锁，进而在日常交际中备受折磨，难以摆脱依赖的束缚。更重要的是，这种不成熟的心理也决定了他在人际交往的过程中，把注意力高度集中在别人的反应上，依赖型操纵者也正是抓住了这一漏洞，并大肆利用。

而对于依赖者或是被依赖者来说，摆脱现在处境最佳的办法便是不断增加自身的控制力和行动力。

一个人之所以变得平庸，不是因为他做了什么，而是因为他什么都没有做。真正决定事情成败和人生高度的，不是运气，而是你的行动力。行动力，在管理学的概念中，其实是一种策划战略意图，主要表现为不断地突破自己，做自己想做却又不敢做的事情。

从当前我国的经济形势来看，尽管压力不断上升，但是我国经济的行动力在稳步上升，在经济增速波动较缓、工业增速处于多年来低位的经济背景下，商品价格出现较大反弹，企业盈利状况有所改善，这也是行动力的"功劳"。

回归我们自身，我们要怎么做才能够增强自己的行动力和判断力呢？在讨论这个问题之前，不妨让我们先静下心来听一听身体给予我们的不同维度的看法：身体想要获得较高的薪酬，思想却认为工作应该适合自己的优点、天赋且简单有趣，可是心灵只想要好玩又有趣，精神又想要在这份工作岗位上做出有意义的贡献。

于是，它们写出了能让自己满意的职业类型列表并不断地谈判，直到能找出一种让"所有人"都不满意的工作。心灵拒绝了律所的工作，精神拒绝了办娱乐网站的想法，思想拒绝了当专业运动员的念头，身体拒绝了小学教师的工作。它们最终可能会拒绝"其他人"列表上的每个选项，因此也就不得不重新开始谈判，它们开始列出那些更可能被"所有人"接受的职业想法，在不断交流、探讨和辩论的过程中实现了和谐一致，思想、行动、感受和信念都朝着同一方向并肩前进，这便使行动力得到满足，实现了本质上的飞跃。

判断力就是肯定或否定某种事物的存在，或者指明某事物是否具有某属性的能力。它有利于人们统筹全局，深入系统地分析和解决问题。判断力也是一种利用现有资讯对未知结果做出决定的能力，是一种对事物的发展趋势进行方向性把握的能力，有助于提高工作效率和准确度。

在经济的发展过程中，判断力的作用也非常重要。准确的判断有利于我们掌握事物的发展趋势，并作出正确决策。绝大多数的经济学者对于奈特关于"风险"和"不确定性"概念的区分十分熟悉，一个事件的结果未知，但是又向其他学者传递出了一种结果可能存在的范围，或是每种结果发生实现的概率，这便意味着在决策过程中我们定然会遇到风险，而风险的大小又是不定的，因此就需要我们利用判断力对这些风险进行评估，选择出风险最小的方案，趋利避害，进而实现经济活动中的利益最大化。康德说过，"判断力是一种天赋的能力，只能锻炼却没有办法教授"。这也就意味着，要想不断提高自己的判断力，只能在实践中不断思考摸索，发现其中遵循的本质规律，这也是提升判断力唯一的路径。

总之，判断力和控制力的增强能让我们摆脱依赖的束缚，从而拥有自己的独立思想，自主地适应并完成各种经济活动，适应经济发展所面临的各种困境。

孤岛效应的化学作用

孤独是一种主观上的自觉与他人或社会隔离或疏远的感觉和体验，我们也可以称为"孤岛效应"。社交网络时代产生的"孤岛效应"的具体体现为：每个人看起来都很忙，但是每个人又都很孤独，而这种人心理上的"孤岛效应"则经常会被有心人利用。

2017 年，曾有一个名为"蓝鲸"的俄罗斯游戏闯入了人们的视野。对于"蓝鲸"，人们脑海里更多出现的是其温柔且神秘的形象。蓝鲸和游戏这两个如此不相关的词汇，却与死亡联系在了一起，并且具有了一种风靡全球的态势。这个来自俄罗斯的死亡游戏，通过社交群进行宣传发布任务，利用青少年追求刺激的心理，诱导叛逆、心智不成熟的青少年进行自残、自杀等惨无人道的活动。游戏冠以"通关"之名鼓励青少年玩家在 50 天内完成各种各样充满着诡谲的自残任务，挑战自己的极限。例如，每天凌晨 4 点起床、看一整天的恐怖电影、在胳膊上用刀刻出鲸鱼图案等，最终导致不少青少年参与者以极其血腥残忍的方式结束了自己的生命。

据统计，当时的俄罗斯至少发生了 130 起少年自杀事件，所谓的"蓝鲸游戏"同时引起多个国家的高度重视，这一场有规模的自杀震惊了整个世界，而在这一事件发生后的很长一段时间内，人们茶余饭后的谈话也总是围绕着这个话题。

也许，此时的你和不少人一样，心中都充满了同样的疑惑：这到底是怎么回事？这些青少年为什么会这般盲目地服从这个所谓的"游戏发布者"的命令？对于这样的疑问，不同的人们提出了各自的看法：有人认为这是死亡游戏所具有的感召力导致的结果，现在很多孩子都追求刺激，而死亡游戏恰恰满足了他们的这一需求；还有的人认为这些自杀的孩子家庭条件都不算差，但是生活却很空虚，他们性格较为孤僻，游戏组织者正是利用了他们的这种阴郁心理和孤独感，进而对他们进行操控。

这些不同的解释在我们看来似乎都有一定的道理，但是，让我们从细节处把握一下：这样一个震惊全世界的惨案，到底有什么特殊之处呢？

试想一下，如果"蓝鲸游戏"的活动范围仍在广场、论坛或者是在那些能与外界保持密切联系的其他任何地方的话，还有人会无条件地相信"游戏发布者"的自杀命令吗？从这个角度来看，蓝鲸游戏利用网络社交软件进行其目标的选取，再利用网络社交软件进行指令发布。在这个故事中，"蓝鲸游戏"并没有对青少年进行所谓的"催眠"，因为它根本就用不着催眠。当游戏发布者在网络社交软件上下达"自杀"或"自残"的命令时，其实很多青少年都会产生自然的疑惑和不知所措。在这种情况下，人下意识的行为便是通过观察周围其他人的动作和反应来确定什么是正确的做法，进而指导自己的行为。而在这种领袖具有绝对权威的组织里，总会有一些人，他们往往把强势的领导人视为自己的偶像，对他们所下达的命令无条件地盲目服从，这些人往往会成为第一批"通关"（成功自杀）的对象，他们的行为成为其他正在犹豫的青少年的"榜样"和"动力"，因此便有越来越多的青少年会选择执行"通关"的命令。这种现象，其实就是"孤岛效应"所产生的化学反应。

"蓝鲸游戏"就是充分利用了"孤岛效应"才产生了如此令人匪夷所思的力量。作为一个邪教游戏，它深谙心理学之道，通过将青少年迁移到信息闭塞的"小众交流"之中，成功地利用这种信息闭塞的环境条件让他们特殊的相似性和内心的不确定性催生出极致的"孤岛效应"，从而牢牢地操控着这些青少年。

在这一事件中，除了"孤岛"的环境条件以外，每个青少年作为独立的个体其实也是孤独的。他们不能从外界获得任何有用的信息，心中的不确定性因为缺少外援而越来越强，再加上他们的年龄一般只有 10 岁至 14 岁，认知和判断力的不足同样也很容易让他们相信这些威胁并听从对方的摆布。他们由原来的追随者变成了一群没有意识的动物，而操纵者要做的便是引领他们其中的一部分向自己所希望的方向发展。这样，其他的人自然也会无条件地跟随，继而最终达到操纵者所期望的效果。

所以，这些青少年之所以被"蓝鲸游戏"盯上，是因为他们都具有一个共同点——他们总爱在社交网站上写一些消极的文字来表现自己内心的孤独和对这种生活的厌弃，而这些"游戏发布者"也正是抓住了这份孤独和无助来一点点地实施操纵，一步步将他们推向深渊。

在生活中，大部分人在孤立无援的时候，便会使劲抓住那个对自己伸出援手的人，选择对他无条件信任。也就是在这个时候，操纵者对他们的控制已经完成了第一步。在这种情况下，人宁愿相信谎言也不愿相信真实，这并不是因为他们不辨是非，而是在他们的潜意识里，他们认为自己信任的人一定不会对自己说谎。

对于无助的人而言，他们也会采用另一种方法来实现自我安慰：尽可能地收集相关信息，得到更多可以支持他们作出决定的数据。正是这一点使得操纵者有了可乘之机。由于他们的各种信息的来源渠道是单一的，所以对于事物的评估并不是从总体方面来讲的，也就具有更高的陷入迷局的可能。

早在 1967 年，著名的心理学家斯里格曼就提出了"习得无助"的概念。在他的实验中，他将一只幼鼠置于一个它无法逃脱的电击范围之内，并对它施以电击。在实验刚开始时，幼鼠也在奋力地企图挣脱这种困境，可是随着时间的推移，电击的痛苦越来越大，它并没有表现出原来的那种积极的求生欲望，甚至看起来已经放弃了求生。斯里格曼称这种现象为"习得无助"，并认为人亦是如此。

"孤岛效应"在经济领域也有所体现。所谓经济上的"孤岛效应"，则说明一个地区很少与外界进行经济文化等方面的交流，一直处于一种封闭状态，进而造成本地区的贫困，形成一种恶性循环。

如果你正处于这样的困境，那么此时应该怎样做来打破这种困境呢？

1. 克服自卑心理

在这种情况下，你首先要做的就是克服自卑。在经济生活中，伴随着环境的不断发展，人的无助感和孤独感会越来越强烈，而造成这种困境的，则是人们的自卑心理：总觉得自己在哪方面都不如别人，不敢与别人交流互动，把自己孤立于内心的狭小空间之内，如同作茧自缚，造成自己的孤独状态，而当一个人能够克服自卑，主动与外界信息进行互动，那种孤独感便会慢慢消失。

2. 享受失败，享受挫折

胜败乃兵家常事，人的一生又怎能一帆风顺呢？我们都是在不断的挫折之中成长起来的。有些人在失败以后便开始不思进取，拒绝新的尝试。他们往往把自己封闭起来，独自沉浸在失败的痛苦中不能自拔，这也就造成了其孤独感的存在，但其实承受住挫折与失败，在遇挫以后多多总结与交流，又何尝不是一件既舒缓身心，又能摆脱孤独的事呢？

3. 尽可能多地与外界交流

孤独感的存在多半是因为人的情绪得不到及时抒发。要知道，生活独立与人格独立并不意味着与世隔绝。当你被孤独感所包围时，不如寻找些老友交谈一番，或者邀请别人和自己一起外出旅游，这会使你找到自己所需要的同伴，克服孤独。此外，在他人需要帮助时主动伸出援手，也会使你感到自己被人需要，从而减轻你的孤独感。

4. 寻找自己的兴趣

健康有益的兴趣会使你摆脱孤僻，会逐渐改善你暴躁的性格脾气，使你慢慢变得开朗、善谈，与他人树立良好的关系，从而消除自己的封闭状态。

总而言之，"孤岛效应"对于个人和集体都有着不同程度的弊端，而我们要做的，就是通过以上路径摆脱孤独，逃离孤岛，在一种消息流通、交流通畅的环境中展开各项经济活动，达到我们的预期效果。

因魔咒而产生的购买行为

在生活中，我们会产生各种各样的购买行为并形成不同的购买决策，但是你是否曾仔细思考过，这些购买行为到底是出于你自己的需要，还是来自广告场景制造的一种"恐惧营销"？

美国著名心理学家麦道孤曾提出过一种观点：人在感到恐惧时会不自觉地产生一种不安心理，而这种不安心理会促使人们去寻找一种解决办法以达到内心的安定状态。在我们身边，有很多广告经常采用这种恐惧心理（尤其是对衰老、死亡、孤独、黑夜、疾病等方面）来影响消费者做出购买行为，对产品进行宣传，以达到消费者对产品性能的遐想，进而"不得不"对此种商品进行购买。

以我们生活中最常见的洗发水广告为例，在洗发水的广告策划中，一般分为四个步骤：

第一步，说明这种潜在威胁的严重性。在洗发水广告中，首先会指出头发干枯分叉、打结、头皮屑等一系列问题对我们的日常生活所产生的负面影响，引起人们内心对此种问题的恐惧，让人们感到焦躁不安。

第二步，紧接着指出这种问题的普遍性，从社交等方面入手，通过演员的特定场景表演形象地展示这种负面影响，通过表演者所展现出的在某种特定场景中的焦虑不安来引发消费者内心的共鸣。

第三步，将产品引入剧情中，植入"只要按照我的方案做，威胁就会消失"的潜台词，给予剧中人物以解决此种焦虑的方法，最后展现出本产品的使用效果，如洗发水广告中常有的头发顺滑有光泽并留有余香，给男友或是领导传递清新香味，留下好的印象缓解尴尬气氛等。

第四步，给予消费者以暗示：在电视机、互联网、商场等进行大量、反复的广告播放，不断在消费者内心深处强化这些观点，促使消费者形成反复购买。

这一过程环环相扣，其宣传方案在不知不觉中把这款产品与我们的生活联系在一起，凭借对人们内心强烈的刺激作用和其所传达出来的有用的、相似的价值信息，使此种商品在人们的潜意识中成为一种生活的"必需品"，进而被人们习惯性地使用，最后达到宣传销售的目的。这便是恐惧营销策略对人们的购买行为造成影响的具体表现。

曾有一位广告创意总监为某保险公司设计了一则广告，并在社会上形成了一定的反响。

各位尊敬的乘客，欢迎您乘坐岁月号客轮，现客轮已经入海，将于两个小时后抵达目的地，现船上共载有545名船员、乘客，以及他们与家人美好的未来。

不幸的是，一个小时以后，该客轮不幸遇到风暴沉入海中，救援工作已经迅速开展，目前已有三人成功获救，救援打捞工作仍在持续进行中……

在事故发生的一星期后，根据新闻报道我们了解到，在那场灾难中，仅仅只有五人成功获救，而剩下的那些人，永远成为这场灾难的牺牲者。在救援人员打捞出的遗体中，一位男子身上还带有一份被水浸湿了的信，想必是他在生命的最后一刻写给妻子的，信中写道：亲爱的，请照顾好我们的孩子，我一直没能给他留下什么……"

"你为他的经历而感到难过吗？试想，如果您面临这种境遇是否会有和这位先生一样的遗憾？而我们的人寿保险所成立的初衷，正是为了解决您的后顾之忧，让您没有恐惧，安心出行……"

这个广告文案的成功之处在于紧紧抓住了现代人的恐惧之源，趋利避害是当今人们的本能，没有人敢笃定地说自己一生都不会患病或遇到意外，也没有人愿意冒着一旦生病却负担不起医疗费的风险去和保险公司对赌。他们也希望在某一天自己遇到意外时给予家人更多的保障，让家人无论在什么情况下都能过上美好的生活，而他们在看到这则广告之后一定会联想到自身的经历，或是对以后可能遇到的种种情况加以考虑猜测，让人感觉到"它随时都会发生在我身上"，而这种不确定性又的确让他们感到焦虑与不安，驱使他们去思考"我需要为家人和自己做点什么"的问题，使得保险公司实现自己的营销目的。

这种恐惧营销带来的威胁，需要不多不少、恰到好处才能带来积极的效果。从生物学的角度来看，人们在感到恐惧时，恐惧情绪会替代人的逻辑程序进行判断，这是因为人脑中的杏仁核会在人产生恐惧情绪的条件下将神经元传输到大脑皮层，可是大脑皮层与杏仁核又缺少连接，因此导致了这种情况的出现。当恐惧值过少时，消费者不会关注此类信息，并不会对其脑中的杏仁核体产生影响，也就不会在记忆中留下较为深刻的印象，而威胁过高则会导致其对此类广告的厌恶，达到一种"物极必反"的宣传效果，所以，广告案例中对于威胁的设计是要讲究程度的。

例如，对于同一个防火报警器的广告，如果是利用"小孩玩火着火了！厨房用具着火了！插座进水着火了！"这些作为威胁来强调安装报警器的必要性，那么，这个策划就是失败的，这种恐惧并不能在较短时间内仅通过一个"防火报警器"来解决，在安装以后人们一定还会存在对"孩子玩火"等事件产生恐惧，而针对这一案例，"着火的时候，你也许没能及时知道，但报警器可以迅速知道，并自动为你报警"这样的简单说明就可以使恐惧程度达到恰到好处的效果，这也是恐惧营销的高明之处所在。

在恐惧较多或较少时，可以通过增加具体的事例来增加恐惧，或者将某些残忍血腥的镜头进行卡通化处理来减少恐惧，最终实现对威胁的调控。

很多年前，一种名为"FUD"的策略技巧被广泛地应用到营销、广告策划等方面。所谓"FUD"，即 Fear、Uncertainty 和 Doubt 三个英文单词的缩写，译为惧、惑、疑。其最早意指 IBM 公司运用的一种对消费者的控制手段，也就是在顾客的头脑中注入疑惑与惧怕，进而对你所说的话深信不疑。利用这一点，他们的广告语"从来没有人因为购买了 IBM 的产品而被解雇"曾在全世界产生了让人出乎意料的影响力。在这句广告语中，IBM 公司巧妙地把"不被解雇"和"购买 IBM 公司产品"联系了起来，使得这句话犹如魔咒一般操控着人们的购买行为。随着这句广告语的广泛传播，IBM 公司得以迅速发展，公司生产的商品种类也逐渐增多，成为显赫一时的大公司，而这种"魔咒"，正是我们所讲的"恐惧的力量"。

从来没有人真正见过鬼，可是每每谈起鬼又总会在脸上浮现出恐惧的神色，其中的原因其实很简单：人总是会对某些未知的事物产生恐惧，人其实并不怕鬼，而是害怕面对死亡。人总是在自己吓唬自己，自己威胁自己，而对于黑暗、无序的恐惧恰恰是由于人们自身从未经历过在这些未知的领域里如何保持自我，进而启动了恐惧的程序。很多时候，我们内心的恐惧并不是来源于外界，而是来源于我们内心的不安与不确定性，是被自己所营造出来的"恐怖气氛"吓倒的。这种内心的不安与不确定性，也正是由于我们内心的自卑造成的，而自卑又导致我们对旁人过分依赖，则会进一步让我们的潜意识对自己所做的决定表示怀疑，最终使得这种"不确定性"再次强化，并给予操纵者以可乘之机。

那么，恐惧又是怎样产生的呢？从心理学角度来看，一方面，恐惧源自人们内心的孤独感。有人说，人在独处时就喜欢胡思乱想。可是，当两个人结伴而行或是很多人同时行动的话，心中的恐惧便会被驱散。另一方面，恐惧则源自人们内心缺乏安全感。在很多情况下，人一旦失去了自己觉得"很靠谱"的人时，独自一人面对未知的世界时便会感到莫名的恐惧。恐惧总是在某种特定的情境下形成或产生的，它无时无刻不在影响着我们的生活。

悲伤、兴奋、愤怒、恐惧……在我们生命进程中，从来没有人是一帆风顺的。人总会遇到各种挫折，进而体验不同程度的焦虑和恐慌。换句话说，人要生存，就必须要面对恐惧。恐惧是我们人生最大的天敌，它不以人的意志为转移，总是带有强迫性，像一只无形的大手在操纵着我们的人生。与此同时，"恐惧"这一情绪的弱点也在被某些"有心人"广泛利用。而克服恐惧的良方正是勇敢和坚定的意志。正如诺贝尔文学奖获得者福克纳所说，"世界上最恐惧的事情就是恐惧本身"。

面对恐惧，我们应该勇敢起来，拿出信心和勇气去与之对抗。那么，我们究竟可以用什么方法摆脱恐惧的操纵呢？

1. 提高对事物的认知能力

既然我们已经知道恐惧的产生多半是由于我们缺乏科学根据并仍然对事物本身进行主观臆测而形成模糊认识造成的，那么，在生活中提高对事物的认知能力便是克服恐惧的关键方法。因此，我们必须努力掌握科学文化知识，扩大我们的眼界，不断提高对事物的科学认知水平，认识事物发展的客观规律，才能拥有较强的预见能力，进而成功摆脱恐惧，避免别人对我们的操控。

2. 转移注意力

很多时候，我们看待事物时喜欢朝着它可能发展的最坏的方面预测其结果。可是，你又是否想过，事物的发展总是"福祸相倚"呢？也就是说，事物的发展总是伴随着两种可能，如果对其坏的结果产生了恐惧，也应该想想其好的一面来转移自己的注意力。当你在医院排队打针时，也许会害怕，但是你为什么不看一看医院里来来往往的病人，想到自己将要因为打针而痊愈，或许你的恐惧就会被减弱，而在打针时，医生为了减轻你的恐惧，还会跟你聊天，让你注意别的地方，当你反应过来时，医生已经"收工"了，这便是转移注意力的方法。

3. 勇敢地面对心中的恐惧

面对恐惧，很多人会选择逃避它，但逃避绝不是解决问题的最好方法，下一次遇到同样情况时，我们还会出现同样的恐惧。那么，为什么不选择直面恐惧呢？有学医的同学为了解除自己对尸体的恐惧，每天晚上主动跑到停尸房睡觉，每天和尸体做伴，接触恐惧的目标，反复接受恐惧的刺激，强迫自己逐渐适应，最终在经过多次的尝试之后摆脱了对于尸体的恐惧。

　　总的来说，在经济生活中，作为消费者，我们应该努力克服自己心中的恐惧，避免他人利用恐惧对我们进行操纵；作为生产者，我们应该利用这种恐惧心理，通过这种方法让人们对某一事物产生焦虑，并且用一个特定的场景去加剧这种焦虑，让用户用恐惧情绪去代替理性思考，使得恐惧营销达到事半功倍的效果。

被操控者的原始动力

人生而有欲。从生物学角度来看，欲望是在个体追求多巴胺获得快乐过程中产生的，多巴胺的正反馈机制使个体继续追求它。在这个过程中，人们会对过度分泌的非常态多巴胺产生依赖性，这是个体产生各种欲望的根本原因，而欲望的不断满足也可以让人持续地产生愉悦，因此人总是在追求快乐—产生欲望—欲望满足—实现快乐—继续追求快乐这样一个循环中周而复始。在对快乐和欲望的追求中也保证了人类的延续，比如对食物的追求欲望保证了我们能够生存下去，对性的需求和欲望保证了我们能够繁衍生息。不得不说欲望即是生命的驱动力，有了欲望才有了人类社会的发展和进步。欲望贯穿了人的一生，但人不只是生物的人，还是社会的人，一旦欲望成为脱缰的野马，就会将我们推向罪恶的深渊。

在阿尔及利亚有一种猴子，喜欢偷吃当地农民的玉米，这些猴子总是在晚上趁着无人看管的时候将玉米洗劫一空。农民想了各种方法防止玉米被偷，但总是以失败告终。后来经过一段时间的观察，当地农民发现这群猴子十分贪婪，每次都将玉米偷得精光，不达目的誓不罢休。因此当地农民想了一个办法，他们把玉米放到葫芦型的细颈瓶子里，然后再把瓶子固定在树上，等着猴子过来偷。晚上猴子们看见瓶中的玉米后十分高兴，于是纷纷爬到树上把爪子伸进颈瓶里去抓玉米，因为瓶颈太细，可想而知这群猴子根本无法将玉米从细颈瓶里抽出来，但是由于猴子贪婪的本性，不把玉米拽出来誓不罢休，于是它们就不断重复抓玉米的动作，猴群被困了一夜，直到第二天农民过来活捉它们，它们此时依旧不肯松开抓玉米的爪子。

贪欲是很多厄运的开始，猴子的被抓便很好地说明了这一点。在猴子和农民的博弈中，猴子是有很多机会放弃玉米轻松逃走的。它们却贪得无厌，直到最后被活捉后还在坚持。与其说这群猴子是被它们要吃东西的原始冲动所控制，不如说是贪欲让它们深陷厄运的泥沼，而当地农民仅抓住猴子贪婪的本性，不费吹灰之力就生擒了它们。我们人类是何等的聪明，为这群傻猴子感到可笑、可悲。但事实上，我们的贪念和欲望也是无穷无尽的，很多时候，贪念和欲望也会催发着我们不断去重复这群傻猴子的灭亡之路。

在现实生活中，因为贪欲滑向深渊的例子也不胜枚举。政治生活中锒铛入狱的贪官，本都是青年才俊，国之栋梁，却因贪欲膨胀，无视党纪国法，放纵欲望，取非法之财，行非法之事，损害国家和人民的利益，自毁前程。在经济生活中的各类投资人，因为自己对金钱的贪欲，总是被高收益蒙蔽双眼，不停地向非法集资的平台里投钱，有的甚至将自己的养老钱、全家的救命钱都投了进去。厄运往往由贪欲开始，当我们无法合理控制自己的欲望时，我们很可能被贪欲牵引，走向迷途。

塞·约翰逊曾说过，"人最重要的价值在于克制自己的本能的冲动"。人的一生是一个和欲望不断博弈的过程，只有将不合理的欲望控制在一个适度的范围，我们才能活得更加惬意。

要知道，欲望并非不可控，当面对不合理的欲望时，个人完全可以通过一些具体的方法加以控制，而我们只有在人际交往和经济生活中做到控制住自己不合理的欲望，才能够有效地避免他人设下的诸多陷阱。

首先，要控制自己的欲望，就必须懂得辨别自己不合理的欲望。人在成长过程中，总是会产生各种各样的欲望，欲望本无优劣之分，只是在于一个度的把握。比如财欲，合理的财欲会激发人们积极工作，努力奋进，但要注意"君子爱财，取之有道"，取财只为更好的生活，但是财欲一旦泛滥，视财如命，坑蒙拐骗，甚至还会引发战争，给个人和社会带来极大的破坏，这种不合理的财欲我们要尽早扼杀在摇篮中。人的行为归根结底还是源于思想，在贪欲面前，我们要努力让思维归于理性。理性的思维需要经过多次生活挫折的磨炼和经验的积累沉淀才会形成。我们平时就要注意多学习、多反思，拥有明确的人生目标，建立良好的风险管理机制。

其次，要借助社会秩序，控制欲望的野蛮生长。人类在长期发展过程中逐渐筛选出了一套能够制约个人欲望的社会秩序机制。作为现代文明社会中的人，我们都会经历很长的一段社会教化期，逐渐明白公序良俗、礼义廉耻、社会法治，在社会秩序的框架下，个人即使有欲望时也可以做到不逾矩、不损德、遵守法律和道德约束，不会让欲望野蛮生长，更不会随心所欲，为所欲为。

再次，利用集体意识节制欲望。像蚂蚁、蜜蜂这样的昆虫，它们都有着一套自己的社会结构规则：遵从集体分配的任务，合理安排进食，照顾幼虫、蚁后和蜂皇，不会因为遇到好吃的就会占为己有，也不会因为遇到强敌就独自逃命。对于它们来说，这样的集体意识是一种更高级的意识形态，控制着其他的欲望，而更有社会责任感的人类亦该如此。

最后，记下一些名言警句，时刻提醒自己。古人讲求"淡泊名利，宁静致远，无欲则刚"，如果一个人的内心可以强大到在欲望面前进退有度，那是再好不过的。只是大部分人对自己欲望的控制还不能做到游刃有余，那么就需要借助外力，比如让一些名言警句时时警醒自己。当年威震欧亚非三大陆的恺撒大帝，在临终前就曾告诉侍者："在我死后，请把我的双手放在棺材外面，让世人看看，伟大如我恺撒者，死后也是两手空空。"正如恺撒所言，无论是达官富商，还是凡夫俗子，谁也逃脱不了自然规律的摆布。既然如此，我们为何不把钱财之物，名利地位看得淡一点呢？不为权所欲，不为财所惑；不为强所畏，不为弱所折，宁静而致远，无欲而烦消，这样会活得轻松洒脱自如一些。

欲望是把双刃剑，适度的欲望能够催人奋进，但过度的欲望却会伤人伤己。在现实的生活中，一些人恰恰会利用他人的过度欲望对其进行操纵，让他人为自己作嫁衣，面对这种博弈，我们可以采用的策略就是反转欲望，通过了解和利用他人的欲望来达成自己的目标。

但是，需要注意的是，人的需求是有层次的，且唯有未得到满足的需要才能影响到人的行为，已经被满足的需要是不能起到激励效果的，这也就是为什么在很多公司里，老板已经为员工升职加薪了，可员工还是坚定地选择离职，因为员工的欲望和需求可能已经不再是简单的升职加薪了。

总而言之，我们必须牢记欲望是人的天性和软肋，要学会运用各种手段将其控制在合理的范围内，否则就会有人利用欲望操纵我们，让我们失去理智，在博弈中败下阵来。

诱惑性语言与心理暗箱

如果未曾深入理解，很多人可能根本无法意识到心理暗示有多可怕。一次成功的心理暗示，甚至可以改变对方的喜好和习惯，对方却完全感觉不到自己的改变是被暗示后的结果。

在魔术表演中，有一个项目叫作催眠，具体内容就是表演者会在短时间内给实验者一个心理暗示，让对方完全依照表演者的指挥方向行动，最终被催眠。尽管有很多表演者使用了作弊的方式，但是一个真正的心理学大师，要想让一个人听他的话，是完全可以做到的。

在一处职工宿舍楼的后面，停放着一辆破旧的大卡车。每当晚上六七点吃完饭后，院子里就会聚集一群孩子，攀爬到大卡车上蹦跳玩耍。他们的噪声嘈杂刺耳，影响了大家的生活。这群孩子的父母想尽办法管教，但丝毫不管用，孩子们在破卡车上玩得越来越欢。一天，楼里出来了一位老者，走到正在玩耍的孩子们面前，对他们说："小朋友们，你们各个都这么厉害，咱们今天就来一场比赛，在车上蹦得最响的孩子就奖励一把玩具枪。"孩子们听完后欢呼雀跃，想着蹦跳还能得玩具枪，都争着使劲跳，果然最后赢了的孩子得到了一把玩具枪。第二天，孩子们蹦跳着等着老者过来，老者过来后说："规则不变，今天继续比赛，赢得比赛的小朋友奖励一本书。"众小孩见没有喜欢的玩具枪奖品了，热情纷纷下降，没有人再卖力蹦跳，声音弱小了很多。到了第三天，来的孩子就少了，老者说："今日的奖品是三张糖纸。"孩子们一听，彻底没劲了，纷纷说道："不蹦了，不蹦了，真没意思，回家了。"于是都跳下大卡车，走了。

从这个小故事里，我们可以看到诱惑性语言的魅力，本来很棘手的关于孩子的问题，在老者的诱惑和刺激下很轻松就解决了。其实，老者的方法很简单，就是将孩子们"为自己快乐而玩"的内部动机转变成了"为得到奖励而玩"的外部动机，而他只要操纵着奖品——这个诱惑性的外部动机，就很容易操纵孩子们的行为了，一旦停止奖励这个诱惑性的外在动机，孩子们蹦跳的动力也就没了，自然就终止了这一行为。而且，孩子们根本就意识不到自己所受到的诱导和刺激，以为是自己的自发行为。

诱导和刺激的本质是通过对个体内在动机或外在动机的诱惑引导，并达到改变个体行为的目的。在现实生活中，很多家长也常常运用"诱导＋刺激"的方法帮助孩子建立学习行为。比如当孩子学习意愿低的时候，会诱导孩子说"如果下次考试你考进前十名，就会给你买你一直想要的礼物"，又比如想培养孩子持续的学习热情，就会说"这学期如果你的成绩提高了，假期就带你去海洋博物馆"……这都是通过诱惑性的许诺，增进孩子对学习的兴趣。

在职场中，"诱惑＋刺激"的手段更是常被运用。比如在求职旺季，很多创业公司都想多招揽人才，但是由于成立时间短、各方面实力都有所欠缺，无论是在薪资报酬还是福利待遇上都不如那些成熟的企业。为此他们想出了一个方法，就是给应聘者承诺期权奖励，一旦公司融资上市，现在应聘进来的求职者就有可能是下一个千万富翁。这种不可预期的金钱诱惑和刺激，还真为公司招揽了一批人才，国内的很多公司在初创阶段都运用这个手段完成了精英团队的组建和资本的原始积累。我们暂且不考虑入职者工作几年后，是否还会相信公司能够上市，并为此继续努力工作，仅是这种"诱惑＋刺激"的手段，在公司迅速发展的初创阶段，为公司招揽了优质人才，发挥了很大作用，保证了这些创业公司即使处于劣势地位也能够在和其他成熟公司抢人的博弈中分得一杯羹。

1957年9月，美国的一名销售人员詹姆士为了提高自己的营业额，设计了一台高速投影仪，每次当新泽西人在电影院看电影时，他就利用高速投影仪让"喝可口可乐"和"吃爆米花"的信息在电影银幕上一闪而过，多次重复，每次只停留千分之一秒的时间。虽然时间极短，却足以在人们的潜意识中留下"喝可口可乐"和"吃爆米花"的信息。时间久了，这种潜意识就成为人们思维中的惯式，当人们去影院观影时看到有可口可乐和爆米花的售卖，就会不自觉地去购买。据詹姆士统计，这个试验结束后，可口可乐的销量上升了18%，爆米花的销量上升了58%。

詹姆士做的这个试验，充分证明了广告可以利用对人们潜意识的诱惑和刺激，实现销量大幅增加。在生活中，你是不是也有这样熟悉的经历，一部电视剧当你津津有味地观看到最精彩部分的时候，突然插播几条广告，虽然你会对打扰电视剧情的广告感到厌烦，也会很快就忘记刚才插播广告的内容，但是某天当你去商场购物的时候，看到广告中曾经出现过的商品，你总是会下意识地留意一下，甚至当你要去买此类商品时，你还很有可能不由自主地就去选择广告里出现过的品牌。

那么，在詹姆士的试验中，是什么引发了人们购买可口可乐和爆米花的行为呢？是人们脑海中的潜意识在操纵着这一切吗？不同领域的专家学者都对此种现象做了研究，研究发现人们的消费行为基本是在心理刺激下产生的，心理学家将这一现象归纳为"心理暗箱"。"暗箱"有这样一个发生机制：即受到外界刺激—产生购买动机—受到销售人员引导、暗示—经过内心准确对比—选择自认为合适的商品—决定使用购买权，这是一个完整的购买过程。

在消费购买这一过程中，消费者的心理就如同暗箱一样，我们只能看到消费者受到外界刺激后购买产品的一些外在条件，比如产品的信息、价格、性能、促销等，以及消费者最终做出的消费选择，却无法得知消费者购买产品时复杂的心理活动。而这种复杂的心理活动恰恰是消费者最终产生购买行为的内因，购买的主动权和决定权还是掌握在消费者自己手中。营销人员想要做到成功营销就是通过对不同形式的产品、服务、价格、促销方式真实反应的掌握，并运用诱惑性语言或心理刺激，影响消费者的心理过程，刺激内因，强化消费者对产品的认知和认同，直至最后产生购买行为。

1971 年，心理学家德西和他的助手做了一个实验，他们将大学生作为测试对象，德西让他们在实验室里分别单独解决诱人的智力难题。实验分为三个阶段：第一阶段，每个被试者单独解题，但所有的被试者都无奖励；第二阶段，将被试者分为两组，实验组的被试者完成一个难题就可得到 1 美元的报酬，控制组的被试者跟第一阶段相同，解答完后无报酬；第三阶段，自由休息时间，被试者想做什么就做什么，并把他们是否继续去解题作为喜爱这项活动的程度指标。结果表明，实验组（奖励组）被试者在第二阶段确实十分努力，而到了第三阶段休息时间，实验组的被试者因不能获得报酬，明显对解题失去了兴趣，因为在第二阶段对实验组的金钱奖励，作为外加的过度理由，造成了明显的过度理由效应，使奖励组被试者用获取奖励来解释自己解题的行为，从而使自己原来对解题本身有兴趣的态度发生了变化。到第三阶段，奖励一旦失去，实验组的被试者也就没有了继续解题的理由，所以基本上都不再解题了，而控制组被试者对解题的兴趣，没有受到过度理由效应的损害。因而，第三阶段仍继续着对解题的热情。

德西和助手的发现在生活中称为"过度理由效应"，说的是在生活中每个人都有给自己做事情找理由的习惯，每个人为了使自己和他人的行为看起来合情合理，总是需要足够的理由来支撑，并且只要理由足够充分，便不会继续去寻找其他理由。人们也总是倾向于先找外在原因，当外部原因足以解释行为的时候，人们也就不会再去寻找深层次的内部原因了。

在老人改变孩子们蹦跳的行为中，虽然他提供的理由的说服力并不是很强，但对孩子们来说具有足够的吸引力，让他们不再深究蹦跳的深层理由。从德西的试验也可以看出，人总是很容易被外部因素所影响，操纵者只要能够控制好外部因素，也就能轻而易举地改变被操纵者的实际行为。但是一味追求控制外在因素，使用不得当，就会适得其反。比如，在实际工作中，一些管理者就会经常犯这样的错误，为了留住人才，采取加薪的策略。不可否认，加薪的刺激会在某种程度上促使员工保持高涨的热情，对于处于低潮中的员工尤其如此。但是如果在很长一段时间里保持不变，就会使加薪成为工作的过度理由，会养成员工"为钱而工作"的心态，一旦失去这个外在奖励或者奖励无法满足其需要时，结果反而不如从前了。掌握了这一原理，我们就能清楚地知道，如果希望某一行为得以保持，就不要给它过于充分的外部理由。要使员工持续不断地努力工作，管理者应该激发其内在动力，除了给予恰当物质奖励之外，还必须让职员认为他自己勤奋、上进，喜欢这份工作，认同公司文化，强化员工热爱工作的内在动机。

虽然看起来我们总是被操纵者诱惑并做出违背初衷的决策，但事实上在与对手的博弈中，我们也并非无计可施。当我们面对不断洗脑的广告和商家巧舌如簧的推销时，无论对方给我们提供的理由看起来多么可信，实际上我们还是能够避免诱惑性语言和刺激性陷阱，因为买或不买的主动权掌握在自己手中，而我们要做的就是成为掌控自己行为的主人。

最后，让我来讲一则小故事，这个故事来自英国作家索利恩所著的心理小说《新鲜空气》。

主人公威尔逊喜欢新鲜空气的程度，无人能及。一年冬天，他到芬兰的一家高级旅馆住宿。那年冬天奇冷，因而窗子都关得严严实实的，以防寒流袭击。尽管房间里舒服无比，但威尔逊一想到新鲜的空气一丝都透不进来时，他非常苦恼，辗转难眠。到了最后，他实在无法忍受，便捡起一只皮鞋朝一块玻璃状的东西砸去，听到了玻璃碎裂的声音后，他才安然进入梦乡。第二天醒来，展现在他眼前的是完好如初的窗子和墙上破碎了的镜框。

这则小故事充分说明了心理暗示的强大作用。心理学认为，人们都有一种倾向，即自觉或不自觉地维护"自主的"地位，不愿意受别人的干涉或控制，心理暗示则可以通过潜意识的作用，对人的心理和行为产生影响，而诱惑性语言和心理刺激的原理背后也存在着潜意识和心理暗示的作用。因此，我们如果想要顺利地实现某一目标的话，就必须不断对自己进行积极的心理暗示，调整好情绪，相信自己是最棒的，坚持每天都进步一点，争取每一次尝试都能获得小小的成功。通过不断追求进步和超越自我，最终收获奋斗的果实。

识别信息超负荷的焦虑综合征

在与他人的博弈中，我们总是需要依靠自身掌握的信息，从与他人的各种接触中做出自己的行为判断，最终获得满意的结果。在这个过程中，信息对博弈的成败有着重要影响。

人与人之间沟通的每一条信息，如果能做到双方理解的字面意识、内含意识都趋于一致，那么在双方博弈中才能达到信息均衡。但大多数情况下，双方博弈的信息是不完整、不对称和超负荷的。当信息发送者将大量不完整信息传达给信息接收者时，信息理解上的矛盾和冲突，就会很容易使信息接收者感到困惑和迷茫，如果再得不到信息发送者的合理解释，信息接收者的沮丧情绪和心理不适感就会不断增强，在双方博弈中将逐渐处于弱势地位，最终会败下阵来。

心理学家曾经做过这样一个试验：找了 10 名受试者，在他们面前放一张图片，图片上展示的是这样一幅画面：在汽车站旁边有一个时钟，时钟上显示的时间是下午三点钟，在时钟前面的路上，一个小偷正在抢劫一位旅客的行李并准备逃跑。心理学家让每个受试者认真地记住图片上的每处细节，过了几分钟后，将受试者手中的图片拿走。

然后，心理学家开始问受试者："图片中发生了什么事件？"受试者基本上都能够清晰地回答："在火车站旁边的大路上发生了抢劫事件。"

心理学家继续问:"抢劫事件发生的时间是几点?"受试者也都能准确回答是下午三点。

当心理学家继续询问"抢劫事件是发生在三点钟还是四点钟"的时候,一部分受试者开始回答错误。

当心理学家进一步追问:"抢劫时间是发生在四点钟还是五点钟"的时候,只有两三个人能够跳出心理学家的陷阱,给出正确的答案。

我们在生活中是不是也经常会有这样的体验?在刚开始我们接收一条清晰的信息时,能够保持头脑清晰,但是当原有信息不断被重复或新的信息大量被注入时,我们对原有的信息记忆就开始渐渐模糊了,而脑海中出现大量被注入的新信息时,我们会产生思维停滞的感觉。

这是一个信息爆炸的时代,新的信息都在以几何级数量增长,并且产生和散播的周期越来越短。我们每天都要面对种类繁多、数量巨大、内容良莠不齐的信息。在这样的情况下,外界会给我们的大脑带来沉重的负担。每一个人的信息承载量是不同的,当信息接收者所接受的信息超过其所能消化或承载的信息量时,就会不自觉地产生各种无所适从的紧张、焦虑症状,甚至产生信息依赖的成瘾现象,这就是所谓的"信息焦虑综合征"。当人们面对单一简单的信息时,是能很容易就记住的,并且在脑海中留有清晰的印象。但是当人们接收的信息变得多而繁杂时,人们就会表现出不同程度的心理压力和不适感。不幸的是,人们总是很容易就被这些庞杂信息的提供者所掌控。

有些人总是想尽办法利用超负荷的信息掌控着信息接收者的行为,他们会持续向信息接收者输入过多的信息,从而使得信息接收者的大脑处于一种麻木、疲惫状态，丧失对事物独立思考和判断能力。

在我们现实生活中，洗脑者和传销者正是掌握了信息受众的这个心理，才能一再让受众上当受骗。对于一件事情或一个观点，即使最开始人们是极力反对的，但是操纵者只要不断地向信息受众传达事情或观点的合理性，将大量的信息倾注在受众脑中，过不了多长时间，受众者就会慢慢改变之前反对、抗议的态度，转变为操纵者想要他们有的想法和行为，特别是在一个封闭的环境中，这种现象将会更为明显。所谓的"三人成虎，众口铄金"，说的就是这个道理。

我们每天都要面对无穷无尽的信息，庞大的信息量也使得我们每天身心俱疲，那么在双方博弈过程中，我们该如何识别信息焦虑综合征并预防它呢？学会提取和甄别有用的信息，就是最为关键的一步。

相传犹太民族历史上最伟大的君主所罗门王，是个断案能手。他在判断案件时有着极强的信息识别能力。

有一天，所罗门王端坐在大神殿的审判席上，有两个妇女哭哭啼啼地抱着一个婴儿走进大殿，让所罗门王断案。其中，妇女甲指着妇女乙说："陛下，我和这个妇人住在一起待产。三天前我生下了一个男婴，后来，她也生下了一个男婴，房间里再无其他人了。今天早上我醒来准备给孩子喂奶时，发现怀中的孩子已经没有了呼吸，真是把我吓倒了。但是我再仔细一看，发现这个死婴并不是我所生的孩子，而是她的，更加让人气愤的是，在她怀里抱着的居然是我的儿子。"

还未等妇女甲说完，妇女乙就激动地向所罗门王抗辩道：

"陛下，您不能听她的，她说的都是假话！那个死去的就是她的儿子，昨天晚上睡觉时是她自己不小心把自己的孩子压死了，现在又想把我的儿子抢走。"

为什么要进行信息甄别，是因为在双方博弈中，往往双方掌握的信息是不对称的。一些人会设计出特定的机制让另一些人做出选择，而从这些选择的结果中可以将隐藏的信息识别出来，这样识别出信息的一方就掌握了主动权。比如我们熟悉的火车票问题，每一位乘火车的人购买力是不同的，有的经济水平比较高，对车厢的拥挤度、舒适度要求也高，也愿意付出更高的价格购买更好的服务；而有的乘客经济水平比较低，购买力也有限，只要求能实现运输功能就好，对其他功能没有太多要求，也不愿意付出更多的价钱，但是乘客们基本上都不会去说"我有钱，我要花高价买舒服的座"或者"我没钱，我就只买普通座"。那么，这时火车站就要想办法将这些乘客的隐藏信息识别出来。于是就设计出了硬座、硬卧、软卧等不同的席位，不同的席位提供不同的服务，当然价格也就各不一样。

铁路公司设计的这套方案不用去对乘客进行逐一识别，仅通过票价和乘客自己对席位的选择就甄别出了不同支付能力的类型。识别出这些信息后，不管什么经济层次的乘客，铁路局都能从中获取利润。此外，铁路局普通列车和高铁动车的设计；航空公司头等舱、商务舱、经济舱不同舱位的设计；酒店不同星级价位的设计；歌剧院、体育馆不同座位位置不同价位的设计等，这些都是甄别隐藏着的有用信息，实现利益最大化的博弈策略。为确保信息的准确性和有效性，我们需要对所接收的信息进行挖掘、筛选、加工和提炼，以达到从大量的信息中发现对我们有用内容的目的。

第四章 /

抢占博弈最高点的方法论

失败案例的自动筛选

很多人都会有这种体验：我不是败给了对手，而是败给了自己的心态。在博弈中，保持积极饱满的状态，自信沉着地予以应对，对于我们取得最后的胜利十分重要。是的，我们都知道自信是一种很重要的品质，可大多数情况下，我们却总是被自卑感萦绕着。

我们总是自卑不已，怀疑自己，甚至否定自己的能力。我们是在什么因素的驱使下，变得裹足不前、不敢尝试新鲜事物呢？

事实上，无论我们表现得多么自信开朗，在新鲜事物面前，我们都会不可避免地产生犹豫和惶恐心理。其实，这种心理是我们面对压力和挑战的自卫性和应激性反应，它们在一定程度上保护着我们不受伤害，但如果我们放大了挑战带来的压力和失败带来的恶果，我们的情绪会变得十分焦虑和沮丧，甚至生理上也会出现各种各样的问题。

适度的压力可以帮助我们进入更好的状态，但如果不能很好地控制和引导情绪，我们会反受其害。如果长期缺失自信心，意志消沉便成为一种习惯，自卑就会成为性格的一部分。

在生活中，我们常常会因为各种各样的原因而陷入自我怀疑的泥沼，如家庭变故、学习困境、身体残疾等，但如果我们在失败之后，对自己彻底失去了信心，事态就会变得一发不可收拾，但只要我们对自己不放弃，事情就总有挽回的余地。

心理学家告诉我们，对失败的惧怕让我们变得无比焦虑和沮丧，而增强自信的关键就在于将失败的案例从大脑里删除。当我们面临挑战或者困难的时候，要提醒自己：没有比人更高的山，没有比脚更长的路。我们人类具有能动性，困难迟早会被解决，仅仅是时间问题而已。

没有谁的一生是一帆风顺的，没有谁的一生没有经历过失败和坎坷。如果一个人只是被鲜花和掌声充斥，他的一生该有多么无聊和单调。生而为人，我们不仅要看自然界的山川湖泊，也要体验生活的喜怒哀乐。

成功和失败都是人生的一部分，它们只是不同的颜色而已。在命运的画板上，它们都可以刻画出不同的图案。春风得意、意气风发、志得意满是人生的一部分，彷徨失措、手足无措、不知所措也是人生不可或缺的因素。当我们遇到困难，无论是逃避还是抱怨，都无济于事，甚至会使事态更加恶化。我们要学会正确地对待失败案例带给我们的不愉快体验，克服畏难和自卑情绪。

每天都要试着给自己打打气，只有自己相信自己才可以变得更强大。别人的鼓励，要认真对待，继续努力，不辜负大家的期望。今天做不好的事情，也不要灰心，因为这不意味着你以后也没办法解决。

正确看待自己，也是一种能力。同时，自己在变得更强大的过程中，也要帮助身边的人变得强大，不要吝啬。

在热带地区，经常可以看到一只大象被拴在一根很不起眼的柱子上，但大象并不会逃走。有游客请教当地人，大象力气大得

126

惊人，为什么会被一根小小的树桩困住？

当地人解释说，在大象刚刚出生的时候，他们就把它拴在柱子上。不甘心被困住的小象一直试着去挣脱束缚，但是即使它使出浑身解数也无法挣脱。在做了无数次努力也无济于事后，它学会了屈服。它们认为自己对即将到来的痛苦是无能为力的，所以它们便放弃了尝试。这样一来，即使它长大了，有足够的力气去挣脱的时候，失败的阴影依旧笼罩着它，失败的经历让它不再做任何尝试。

其实，我们人类的状况比起这些大象来讲又怎样呢？我们同样因为失败而放弃了太多东西。我们因为考试失败，而拒绝努力读书；因为被呛了一口水，而拒绝学习游泳；因为表白被拒绝，而不再去向某个人表达爱意……

那么，失败案例为什么会这么持久地影响我们呢？对此，美国心理学家韦纳提出了"归因理论"，他认为"可控因素"和"不可控因素"可以很好地解释这一现象。

当我们把失败归因为不可控因素（如能力因素）而不是可控因素（如努力因素）时，"习得性无助"现象就会产生。具体来说，如果我们做一件事情失败了，而失败的原因是我们可以掌控的，那我们不会产生无能为力的感觉。比如，这次考试失利是因为我没把握好时间，我花了70%的时间做前半部分的题目，后半部分有10%的题目我没来得及看，"前松后紧"的策略是不可行的。下次考试，我要合理分配考试时间，把看了第一眼没有解题思路的题目往后放一放，等到简单的题目做完之后，再利用剩余的时间去攻克它们。

但是，如果我们做一件事情没有取得进展，并认为失败的原因是自身不可控制的，那么，我们很容易产生心灰意懒的情绪。比如，这次考试，我觉得作文写得很认真、很流畅、很切题，我一定能考出好成绩，可是成绩出来之后，老师给我打的分数并不高，而且，虽然我认为很多同学写的文章不如我，但老师还是给了他们很高的分数。这次考试失利的原因不在我，一定是老师在刁难我、针对我。

不当地归因就会导致这种"习得性无助"现象的产生，而要摆脱这种"习得性无助"心理的影响，我们就需要去认真地从任务的难易程度、个体的智商高低、个体的努力程度以及运气好坏等方面入手去分析失败的原因，并加以调整和改变。

要知道，我们焦虑不安的原因在于我们的价值在上一次类似的情景中被否定，所以，我们对于类似的挑战没有十足的把握。但影响一件事情成败的因素太多了，虽然说上次的成功在一定程度上有助于这次成功，但上次失败未必意味着这次没有胜算。

面对失败，客观分析其原因才是我们找回自信的关键环节。如果我们对上次的失败避而不谈，害怕历史重演的情绪就不会凭空消失。

树木因为得不到及时灌溉，而学会将树根往下扎。一旦它们通过自己的努力可以从更深的地方获得水的滋润，它们反而会长得更加茁壮。同样，经历了失败之后，我们在调适过程中，会练就各种能力，而这种尝试也会使我们变得比以往更加强大。

其实，遭遇挫折和失败，是因为自己无法掌控某些事情而产生焦虑、害怕的情绪，这些在生活中都是很正常的事情，我们千万不能因此而轻视自己，不要忽略自己的主观能动性。我们可以从一些简单的事情做起，积极找回自信，获得成功，而不是就此沉沦，否则，最终毁掉的是我们自己的人生。

小孩子天生好动、好奇心重，他们对于自己不了解的事物有很强烈的兴趣，并且乐于发现问题和探求究竟。但是，很多尝试在一开始是不成功的，很多努力的效用不能立即显现。如果付出了相当的努力还未得到想要的结果，他们会表现得无比挫败。如果此时，身边的家长和老师非但没有给予正确的引导和足够的支持，还对他们冷嘲热讽，他们很容易产生焦虑和恐惧心理。长此以往，出于自我保护的需要，他们便拒绝尝试，继而产生"习得性无助"的情况。

人类自尊程度的高低以及自我认同程度的高低，在很大程度上取决于我们是否在社会上获得了应有的认可。一个人被社会接纳的程度与他的安全感和自信水平之间具有正向关系。而且，自信是可以累积和质变的，越自信的人越容易养成积极的性格，越容易获得更强的抗挫折能力，也更容易成功。

我们生活在人际关系网之中，不可避免地受到各种人物和因素的影响。对于心理不成熟、辨别是非能力差的未成年人而言，这种评价对他们的影响表现得更为明显和直接。

成功的经验能在一定程度上鼓励我们为了达成新的目标、解决新的问题而投入更多的时间和精力，但失败的案例总会影响我们对自己的认识，而回避失败的心理让我们不敢放开手脚去大胆尝试。心理学上的"认知"是指人们看待事物的方式，这种认知是我们在生活中逐渐获得的。如果过往的经验都是失败的或者说不愉快的，那么我们很容易形成消极的认知模式和思维方式。如果我们形成了"外部事件不可控"的认知模式，我们就会觉得维持现状是最安全的；如果我们认为"新鲜事物是可怕的"，我们就很难走出舒适区，走向延伸区。

我们能坚持做很多事情，做这些事情是因为我们热爱它们。我们也会放弃很多东西，放弃这些东西是源于内心的无助。经历失败之后产生的无助心理，是阻碍我们尝试新鲜事物的根本，也是我们甘于现状、不做改变的原因。失败不可怕，可怕的是我们恐惧失败。所以，自动消除失败案例，目的在于增强我们的自信，形成恰当的成就动机。正如和积极、乐观的人交往，我们也会变得更加热情和善良一样，常常回顾成功的经历，也会帮助我们变得更加自信和强大。

19世纪40年代，美国工程师墨菲提出了一个重要的定律，随后这个定律在各个方面被验证，从而流传开来："如果一个人事先认为接下来要做的这件事情会失败，那么他把事情搞砸的可能性会变得特别高，甚至是必然失败。"

人具有自我验证的动机是解释这个定律的心理机制，也就是说，我们总是在有意或无意中寻找与自己事先假定的情况相符的信息。所以，成功的人更容易获得成功，失败的人更容易遭遇失败。成功的人更容易获得成功，是因为他们拥有成功者的思维，愿意以积极的态度和行为去迎接未知，而失败的人总会在诸多信息中找寻消极的因素，很早就呈现出失败者的面貌。

要想不受失败案例的负面影响，就要学着去接纳自己，尤其是接纳自己不太让人满意的一面，通过树立阶段性的目标，循序渐进地完善自己，慢慢变成一个自尊、自信、自爱的人。

总之，我们还是要比那些大象幸运，因为我们可以在看清事实之后，尝试着去改变信念。

　　即使我们怀着饱满的学习热情和强烈的进取心去研读课本，也会有考试失利的时候，但我们还是会以同样的热情和决心投入努力中，迎接下一次的考试；我们在呛了一口水之后，还可以说服自己去克服内心对水的恐惧；兴趣是最好的老师，我们可以用强烈的兴趣冲淡失败带来的不愉快；我们可以试着去完善自己的人格。

　　抛弃失败案例带来的心理阴霾。学会认真对待每一个新的开始，做一个眼睛炯炯有神的人，做一个笑口常开的人，这样的努力对于我们大有裨益。因为科学家研究表明：人的表情和心理体验是密切相关的。内心焦虑不安的人往往会表现得六神无主，而内心坚定的人往往表现得笑容满面。

　　换位思考一下，如果我们是对弈的旁观者，一边的棋手昂首挺胸、面带微笑，而另一边的选手垂头丧气、怨气满满，我们会觉得哪一方会胜出呢？我们大概会选择昂首挺胸的那一方，因为毕竟内心有力量的人才会散发出强大的气场，而内心深处自我怀疑、犹豫不定的人就会散发出失败的信号。

　　因此，要想成功地建立自信，先从删除自我的失败案例，坚持从每天笑口常开、笑看风云开始。也许，在开始尝试之前，我们还是会自我怀疑，责怪自己怎么连最基础的问题都解决不了。其实，有这种心理也不用焦躁不安。你只需明白这种恐惧之所以产生，是因为我们之前做过了太多的尝试都没有成功，所以我们才会有习惯性的畏难情绪，而正是这种畏难情绪放大了我们内心的恐惧。这个时候，我们千万不要沉溺于自己的失败阴影和自卑心理之中而无法自拔。

　　每当我们想起失败的经历，我们就要对自己做相反的刺激，试着问自己：人这一生，谁没有经历过失败？况且，我做这件事本身就蕴含着巨大的价值。目前的状况没有大问题，尽在我的掌控之中。我有独特的优点，我是不可或缺的。

只有如此这般，从简单的小事情做起，逐渐积累成功的体验，经常给自己积极、正向的心理暗示，我们的自卑心才会最终被克服，对自己拥有的优势作出客观而中肯的衡量。

作为新时代青年，我们不仅要学会爱国家、爱社会、爱集体，也要学会爱自己。爱自己意味着愿意把自己当作一个完整的有价值的人来看待，能够接受自己所有的特质，并且愿意改变那些不好的方面。我们只有形成理性、成熟的价值评判体系，而不是盲目地用别人的评价来决定自己的价值，才能建立真正的自信。成功路上最大的敌人不是别人，而是自我鄙视。抱怨和不满是一种没有任何意义的内耗行为，长此以往，生活不仅不会有起色，反而会更加暗淡无光。

或许，我们都希望自己的生活是可控制的，并且渴望得到安全感，但是真正能让我们感到安全的，不是生活在原地止步不前，拒绝尝试新鲜事物，而是增强自己应对挑战的能力，训练自己接受自己的能力。

现代社会本身就是一个高风险社会，没有绝对的安全可言，真正的安全感就是让自己有一个不怕挑战和失败的强大心脏，让自己有随时向未知进行探索的勇气和信心。处在人生的低谷时，不抱怨、不随波逐流；处在得意的高峰时，不忘本、不飘飘然。如此，方是人生的应有之态。

先为自己造势

在合适的场合选择合适的方法，随时随地调整博弈策略，是取得成功的关键。由于博弈双方呈现出的气势和状态，在很大程度上能够影响对方的心理和决策，进而影响最终的博弈结果。所以，博弈者可以根据不同的状况或选择示敌以弱，或选择示敌以强。

示敌以弱虽然是一种重要的博弈策略，但一味示弱并非长远之计，在我方处于劣势时，为自己造势不失为上策。为自己造势，意思是说在自己资源不够充足、实力尚待加强的情况下，营造出"我很强大"、"我很自信"、"我状态很好"的气势，从而摧毁对方的意志。

为自己造势的一个要点在于克服自己的恐惧和自卑心理。别人的看法难免会影响到我们对自己的评价，如果对方的语气和善，不断地鼓励和夸奖我们，我们会表现得很开心；如果对方态度冷淡，我们会下意识地反思是不是自己哪里做得不好。

要正确处理他人评价和自我评价之间的关系。我们要认识到自身价值是客观存在的，它不会因为别人的批评而消失。如果一个缺点已经严重影响我们的生活，而我们也愿意将它改掉，那就去做一些调整和改变，但我们没有必要将别人的评价当作唯一的衡量标准，甚至让这些负面评价成为自己的心理负担。

我认识一个叫路路的孩子，她原本非常乐观自信，总是积极参加学校组织的各种文艺活动，但有一次，她的表演出了一点小差错，台下的观众哄堂大笑，这件事情给她造成了严重的心理阴影，此后，她拒绝了所有的文艺活动。老师注意到了路路同学的这个变化，并找到路路谈心。路路说她很喜欢舞台，但由于上次的演出事故给她带来了严重的心理阴影。只要一接近舞台，她便不由自主地感到恐惧和想要逃避。

其实，很多艺术家也会在演出的过程中遭遇各种各样的尴尬情形，甚至他们经历的事情，我们平常人根本无法想象。如果他们就此放弃，我们很可能再也不能欣赏到他们精彩绝伦的演出。那些能够成为艺术家的人，也不是没有经历过被嘲讽，只是他们可以不断调整自己的心态，努力在下一次的演出中展现出最好的一面。能把紧张、焦虑等不安情绪埋藏到内心深处，在外人看来云淡风轻，是强者才具有的品质和能力。

后来，路路在很多人的帮助下，决定再次报名参加文艺演出活动。在表演的过程中，她表现出很强的控场能力，大家也被她强大的气场所感染和震撼，演出获得了巨大的成功。

我们知道，气场对于博弈局势的走向具有重要的作用。在某些时候，比赛比的不是别的，而是一种气场。在一场博弈中要想取得胜利，不需要保持绝对的优势，只需要比对方强一点，哪怕这点优势只是伪装出来的。

有时，造势可能不是博弈一方主动选择的策略，在势均力敌的博弈中，或是在我方处于稍显劣势的情形下，制胜的思路就是让对方误以为我更强大，在博弈开始之前，就感到压力深陷焦虑之中。

其实，在战争史上，能够证明"狭路相逢勇者胜"的案例举不胜举，例如，在新中国历史上，上甘岭战役就是中国人民志愿军用勇猛无畏书写下的又一战争传奇。当时中国志愿军派出 4 万余人，而美韩联军作战人数超过 6 万人。他们利用优越的武器和装备，对我军展开猛烈的袭击，我军所在山头被敌人的火力削低了两米，战争的火力密度和激烈程度甚至超过"二战"水平。

即使在如此激烈的战斗中，我军仍然不退缩、不放弃，在漫长的 43 天的时间中，与敌人展开交锋，反复争夺阵地、击退敌人的冲锋。

在这次战役中，大批战斗英雄涌现出来。十五军接近 30% 的将士获得三等功以上荣誉，两百多个集体被授予英雄集体的称号。正是由于全军将士勇敢无畏、不怕牺牲，中国人民志愿军才能够成为一个传奇。

为自己造势，让自己能在短时间内成长，也是一项十分难得的能力，而这个技能一旦被我们掌握了，就会对我们的人生起到重要的激励作用，形成良性循环，帮助我们更加容易地获得成功。

我的一个老同学老张，年逾五十移民到美国，苦于没有专业技能，一直以来都没能找到一份体面的工作。偶然间，他发现了一个特别适合自己的工作岗位，但招聘条件中有一项，老张不匹配。原来，考虑到这份工作需要时常外出，所以应聘者需要获得驾照。以前老张也有机会考取驾照，但他找了各种借口拒绝练习驾车技能。

为了获得这个难得的工作机会，他借了一笔钱买了一辆二手车，反复练习驾驶技术。他不断给自己鼓励，为自己造势，在招聘截止日之前掌握了驾驶技术，符合了所有的应聘条件。

从学习驾驶技术这件事中，老张获得了很强的成就感，也增强了自信心。即使是在后续的激烈的面试竞争中，他也表现得十分大方得体。面对夸夸其谈的美国人，他丝毫不慌张，适时为自己造势，最终凭借沉稳和自信的气场，赢得了那个岗位。

寻找自己的优势和对方的缺点，如果一味否定自己，忽视自己的长处，夸大对方的优势，很容易在交锋一开始，便败下阵来。

比如，我们在与人初次见面时，与人握手的过程中，可以通过握手的力度来推断对方的性格特征。如果对方的手绵软无力，我们会倾向于认为对方不够自信、不够勇敢；而如果对方的手强健有力，我们会推测对方是一个自信满满的强者，不可小觑。所以，给自己增加自信，可以从初次见面的握手开始，展示自己果敢、强大的一面，也给自己正面的心理暗示。

除了握手的力度之外，炯炯的眼神和洪亮的声音也能够增加气场。我们的心理状态会通过眼神、声音等外在特质表现出来，如果我们心理发慌、不够自信，那么我们的眼神会飘忽不定、声音会颤抖不停；而如果我们坚定不移，对自己充满信心，我们不会畏惧与对方对视，声音也会十分洪亮。

其实，古人在开战之前也会通过各种形式、利用各种方法来调动作战士兵的兴奋度和积极性。有节奏的战鼓声，可以让士兵在短时间内进入作战状态，而且鼓声越高昂，士兵的战斗力就越强。

我们不必把对方想象得过于强大，认为他们攻无不克，战无不胜。不同的人在不同的场合，所拥有的权利和所处的地位也大不相同。在商海中叱咤风云的女强人，回到家也只是一个母亲和一个妻子；在分公司肆无忌惮的管理者，在总公司那里，也可能不值一提、无足轻重。客观衡量对方，不仅要了解对方的优势，还要了解对方不擅长的地方，而且在大多时候，这些缺点往往能够成为突破口。

在合适的时机选择相应的策略予以应对，是取得成功的关键。博弈从来不是一场简单的实力交锋，它还受很多因素的影响。在博弈中，避免让对方识破我方的真正实力，甚至在我方实力明显处于劣势之时，懂得为自己造势，均是最终取得胜利的关键。

造势的方法有很多，总有一种或者几种可以帮助你实现不怒自威的效果。总之，让别人相信自己的能量是一种不可多得的能力，我们一定要学会武装自己，为自己造势。

以弱势姿态进行的优越捧杀

虽然说希望得到对方的肯定是一种本能，但并非所有人都能妥善处理别人的赞美。我们可以在博弈中利用人性的这一弱点，通过夸奖对方，使得对方对自身实力产生不切实际的评估，骄傲自满、停滞不前甚至自甘堕落。这种博弈策略叫作"优越捧杀"。

中国有句俗语叫作"鹰立如睡、虎行似病"，意思是说自然界里竞争力十分强悍的动物深谙生存之道，即使是雄鹰和猛虎，也不会时刻表露锋芒。相反，强者装作弱者，引诱弱者放松警惕、卸下防备，再抓住机会，一举消灭对手是较为常见的一种博弈之道和生存策略。例如：篮甲蟹是一种战斗力十分强劲而彪悍的物种，但近些年来，动物学家发现篮甲蟹的数量锐减，几近灭绝，如此反常的现象引发了动物学家的研究热情。原来，篮甲蟹因为性格迥异而被分成两种：一种篮甲蟹生性好斗，另一种篮甲蟹懂得示弱。濒临灭绝的篮甲蟹属于前一种，后一种篮甲蟹繁衍昌盛。为何同为篮甲蟹，生存状况会出现如此大的差异？原来，消灭第一种篮甲蟹的不只是它们的天敌，还有它们自己。天性好斗的篮甲蟹不知畏惧，无论自身处于优势还是劣势，都会与天敌展开殊死搏斗。如此一来，不知防范和躲避危险的篮甲蟹很容易被淘汰掉，而懂得示弱的篮甲蟹在激烈的战斗中留下一线生机。

我们知道，取得成功往往是博弈的出发点和落脚点，但在博弈中一直保持优势地位是不太常见的。此外，自始至终领先于对方，只会让对方做好随时战斗的准备，维持紧张的状态，而这对于我们寻找突破口而言，非常不利。相反，隐藏自身实力，引诱对方错判形势而对我方实力作出错误估计，有助于获得全胜。

在实力悬殊的情况下，面对强大的竞争对手，要想实现以小博大、以柔克刚，找寻胜出之道，不仅是我们现代人在商业战争中不可回避的问题，它同时也引发了古人的思考。

老子曾说："人之生也柔弱，其死也坚强。草木之生也柔脆，其死也枯槁。故坚强者死之徒，柔弱者生之徒。是以兵强则灭，木强则折，坚强居下，柔弱居上。"这段话辩证地对"坚强"和"柔软"之间的关系进行了深刻的解读：人只有在活着的时候，才能让身体保持柔软；草木也只有在活着的时候，才能保持柔脆。当我们的身体逐渐僵硬之时，我们距离死亡就又近了一步。柔软是生的方向，僵硬代表着死。木头太过僵硬容易被摧毁，武器精良的部队往往不会大获全胜。

强大的组织往往懂得藏拙、懂得伪装、懂得示弱，而那些锋芒毕露的、将自己的实力一览无余地展示给对手的组织很容易成为众矢之的。

强大未必尽是好事，我们需要仔细研究示弱的智慧。在强大的竞争对手面前示弱，是一种不吃眼前亏的大智慧。因为，示弱能够为自己增长实力、了解对手赢得时间。示弱不是软弱无能之人自暴自弃之举，而是有大胸怀、长远眼光之人等待时机成熟时再给敌人致命一击的大计。

创立于1999年的内蒙古蒙牛乳业公司，在近20年的时间内，以超过1400倍的销售量增长速度，成为中国发展最快的乳品企业，也在全球乳品企业中名列前茅。蒙牛的发家史记载，它在成立伊始便打出"创内蒙古乳业第二品牌"的口号。这个口号十分反常，试问哪个公司不想成为行业的领头羊？蒙牛为什么会提出这样的口号呢？仔细研究会发现，这个口号相当具有商业智慧。因为成立于1993年的伊利公司，经过几年时间的发展，已经在内蒙古地区获得了相当大的市场份额。横空出世的蒙牛如果在一开始就提出超越伊利的口号，想必伊利一定不会放任蒙牛的发展。

相反，蒙牛十分懂得示弱，在成立伊始，即向伊利示好，它告诉伊利、告诉消费者，我没有大抱负，我不想取代伊利的地位，我只想做个"小弟"跟在"大哥"身后，向大哥学习。蒙牛能在伊利的基地起家，也足以证明示弱的策略的确为蒙牛的发展赢得了时间和机会。

受到达尔文进化论的影响，我们十分惧怕在人前承认自己是弱者。我们认为凡事只有坚定不移、知难而上，我们才能在社会中占有一席之地。更具戏剧性的是，越是在社会中拥有权势的人越难接受自己也有软弱的一面。因此，与我们通常的认知有所不同，示弱是一种克服本能的行为。

用暴力解决问题的同时会带来新的问题。只要有战争就会不可避免地伤及无辜，发动战争的人可能会被奉为英雄，也可能被冠以"穷兵黩武"的罪名。

我们知道"金无足赤、人无完人"，可是要承认自己的缺点甚至无能，需要很大的勇气。因为我们担心一旦承认自己是弱者，便会失去一系列的东西：别人对自己的信任、眼前的利益、美好的未来……因此，我们擅长在发现自身缺点的时候将其藏匿。

我们往往会选择伪装，让自己看起来更加坚不可摧；我们害怕别人发现我们无知的一面，会装作很博学的样子；我们害怕别人发现我们恐惧的情绪，会装作无比冷静和沉默。我们甚至会用一生的时间避免让外界发现真实的自己，为此，我们惶惶不可终日。

在意识到自己也有不足的时候，我们往往不是想办法去解决，而是竭力避免让别人发现，这种错误的解决方式不仅不能帮助我们克服缺点，反而增加了新的缺点。而正确的方式是对于自己的缺点绝不避讳。我们必须重新认识"示弱"的策略，懂得"示弱"是一种比"示强"更难掌握的智慧。

俗话说人性本善，对处于弱势的一方报以悲悯、施以援手是我们的本能。人们并非在所有时间内都是冷漠无情、自私自利的，在面对弱者时，人们往往会主动伸出援手。即使是在博弈中或者谈判中，如果对手十分弱小无助，我们也会很容易放下戒备，产生同情心。

因此，我们也可以利用人性的这一特点，在合适的场合示弱，从而将格局扭转。

面对强敌不退缩、不让步的人可能是勇敢的人，但同时也可能是一介武夫。在适当时候示弱，不但不是缺乏勇气之举，反而是充满智慧的选择。承认自己的弱点，在一定程度上会使得对方产生不切实际的虚荣心，从而卸下防范的铠甲。

由"试行"到"可行"的幼犬效应

你是否有过这样的经历：谨小慎微地去尝试一件事，但最终结果还是出了错，甚至是不可挽回的错误？

在简单的环境下，失败的因素是有限而可控的，所以成功的概率会比较大，但是随着社会的发展，事物和事物之间的联系更加紧密复杂，影响一件事能否成功的因素呈现出爆炸性的增长态势，取得胜利的难度越来越大，并且耗费的时间和精力也越来越多。在这个时候，我们是就此打住，从此以后不再尝试，还是不断试错，从错误中积累经验、找寻规律呢？

通用电气公司的总裁杰克·韦尔奇曾经非常迷恋打保龄球，但在一开始，他打得并不好，平均分在 100 分左右。在教练的帮助下，他的水平在两个星期内突飞猛进。但又过了几个月，他的平均分仍然停留在 160 分左右。将平均分提到 180 分具有重要的意义，这个分数是划分选手等级的重要标准之一。可是这个目标似乎遥不可及，他遇到了难以突破的瓶颈。

接下来，他没有放弃尝试，反而非常仔细地观察自己打球的特点。在不断试错中，他发现自己让球从手中脱离得太快，以至于在一开始，就没办法掌控球的动向，所以遭遇了一次又一次的失败。在接下来的训练中，他努力去克服这个惯性。他试着在球抛出之前，就猜想它可能滑行的轨迹，在找到最有可能得高分的路线之后，让球自然地从手中滑出。结果可想而知，在接下来的一个星期的时间里，他的训练成绩突破了 160 分的瓶颈，甚至达到 185 分以上。

其实，这样的道理大可以推而广之。我们面对一个未知的课题，可以先试着做一下，了解它可能出现的最差情形是什么，失败的概率大概是多少，成功路上需要避免哪些误区，要克服哪些思维惯性……

很多时候，我们面对未知世界的态度往往是不明朗的。其实，我们也不用自责，因为这是理性的成年人对于未知应有的一种谨慎态度。我们大可不必对自己产生厌恶的情绪。

每个人都具有无数的潜能等待发掘，但遗憾的是，由于种种因素的阻碍，很多人并没有达到自己本应达到的高度。潜伏着的能力等待着我们去激发，而激发潜能的最佳方式就是试错，从尝试中排除错误选项，逐渐接近最佳答案。

有一家知名的公司通过我的猎头同行获得了一名很年轻但在业界很有影响力的产品经理加入。但由于刚来到这家新公司，这位产品经理对愿景、使命以及企业文化都不甚了解。所以在最初的一个月，虽然很想做出点成绩让大家信服，但由于过于紧张和不适应新环境，他设计的方案过于保守，最终也未能被采纳。

辛苦设计的方案未能通过，这位产品经理经历了执业过程中的首次败北，他有些沮丧。公司领导层察觉到他态度有些消极，于是请经验丰富的老产品经理传帮带。

老经理在了解情况后，安慰道："我仔细研究了你提交的方案，能看得出来你扎实的基础和专业的精神。新来到一个地方，难免要花一段时间去了解公司的风格以及客户的整体特征，方案被否定了在我们这行是再常见不过的事情。你过去做得很成功，没有机会去认识这个行业的残酷，但来到一个新的平台，有受挫感也在所难免。不要轻易放弃，学着去适应公司的风格，学着建立自己的职业习惯吧。"

通过和老经理的谈话，新来的产品经理不再自我怀疑，他信心倍增。于是，他研究了老经理带给他的资料，了解了企业的风格和同事的职业习惯。他从细节处着手，将自己的长处和客户的需求相结合，接连设计出了好几套成功的方案。

另外，尝试新鲜事物也是很有价值的，从成功中可以总结很多经验，同样，我们在失败中也可以学习很多知识。

小孩子的世界里没有成功和失败的概念，他们对于喜欢的事情会投入大人无法理解和想象的热情，他们会忘了时间和饥饿，但对于他们不喜欢的事情，他们会无比排斥。他们为什么会有不竭的动力和热情呢？因为他们不懂得什么叫作失败，他们只想着作出何种改变才能达成目的。

我们为什么会止步不前？为什么在遭受挫折后就想彻底放弃呢？因为我们太把失败当回事了，也太轻视尝试的效果了。

我遇到过这样一个案例：小周是一个刚从大学毕业的年轻人，由于在人才市场找不到合适的工作，于是开启了创业之路。为了实现这一梦想，小周阅读了大量的名人传记和成功学方面的书籍，企图用这样的方式找到一条成功的捷径。在阅读的过程中，小周发觉自己身上已经具备了成功者的一切特质，他信心大增。

在创业热情的支持下，小周开创的公司红火了一段时间。但随着时间的推移，公司运营、财务都出现了严重的问题，很快公司就负债累累，面临破产。小周的信心也被消耗殆尽，彻底放弃的念头一下子就涌了上来。

小周的情况不是个案，他面临的问题也困扰过很多热情高涨的创业者。不同的是，有些创业者能够适时调适自己，并且愿意再去尝试；而有的创业者就此止步，为自己的创业史画上了一个不圆满的句号。

成功学试图总结出某种成功的公式，但这种想法是不可取的，因为影响一件事情能否成功的因素太多了，而且很多因素是不可控的。如果确实有这么一个公式，那么，我想在这个公式中，"再多尝试一次"一定是一个很重要的因素。很多人愿意为成功者献上掌声和鲜花，却鲜有人关心失败者的心路历程。其实，失败者身上呈现出的问题，一定还会出现在新的失败者身上，如果能够分析失败的根本原因，在此基础上再做尝试，规避这些惯性思维，反而更容易成功。

最后，小周在混沌之中看到了希望，他做了很多尝试，其实，将产品做得更精更细便是诸多尝试中的一种。他对市场上的产品做了详细的调研，进而敲定了最终方案。

为了学习经验和推销产品，他走遍了中国的许多省份，逐渐完善了自己的商业企划，突破了之前遇到的一个又一个瓶颈。最终，公司扭亏为盈，营业额不断攀升，产品在市场的份额越来越大。

据统计，大多数的成功人士并不是智商超群的天才，他们大多只是在失败之后愿意再次尝试的平凡人。

很多人都会经历自我怀疑和自我否定的阶段，有些人因为不能承受接连出现的失败的打击，而选择了放弃；但也有些人会认真总结教训，不断尝试，以饱满的状态投入下一次战斗中。

突破极限也是年轻人面对困难应具备的态度。人生本来就是一场修行，在这个过程中，不如意的事情十有八九。我们要学着接受生活本来的面目，学着从失败中找寻意义。

人生的每一次尝试都是有意义的，许多挑战都值得我们用满腔热血地去迎接。其实，我们正是因为对失败避而不谈，所以才对失败产生了那么多的恐惧。失败中蕴含的价值被我们严重地低估了。事实上，没有什么比从失败中学到知识更有助于成功了。

人和人之间的差距并不完全体现在智商上，更何况大多数人的智商都处在相同的水平线上。也许有些精英在某些方面确实有过人之处，但我们也无须夸大这种专业差距。学识能够在一定程度上发挥作用，但真正的差距更多表现在情商上，工作环境恶劣、业绩指标苛刻这些不利的因素，让很多人知难而退，但也筛选出一部分具有向上精神的人。

还有很多人在失败后都喜欢将原因归于外界，以减轻自己的负罪感。其实老师水平如何，父母是不是提供了良好的环境，朋友有没有帮助……这些都是次要的。其实，再差的老师也能培养出栋梁之材，再好的老师也总会有那么几个调皮捣蛋的学生，寒门也能出贵子，富庶之家多纨绔。

不利的因素有很多，如果能改变，我们要试着去让它变得更好，如果不能改变，我们完全可以发挥主观能动性，寻找其他的路径和方法。在大众创业、万众创新的时代，想在商海一展雄风的年轻人太多了，但经济学界存在着"二八定律"。有梦想的年轻人数不胜数，但只有20%的人能够成功，其中80%的人由于各种各样的原因选择了放弃。在这个竞争激烈的社会中，不断尝试才是唯一的生存之道，如果不能沿着向上流动的金字塔爬行，我们很快就会被奋进的人抛在后面。身处社会底层绝对不是什么值得炫耀的事情，社会的黑暗最早笼罩的不是精英阶层，绝望最先侵袭的也不是积极乐观之人。在激烈的竞争中，每一次尝试都是有价值、有意义的。

很多时候，我们并不是确切地知道一道问题该如何着手、如何解答，但我们跟着自己的直觉，试着去理解这个题目，我们的能力就是在一次次的尝试中逐渐培养出来的。

如果我们不能一次性地实现自己的梦想，那也不要轻视每一次的尝试和努力。每一次的失败都排除了一个错误的方法，每一次的尝试都是为下一次的成功做铺垫。

稀缺性：无可替代的魅力

我们在生活中常常听人说"黄金有价玉无价"，同样是贵重的首饰，到底是什么造成了"有价"和"无价"的差别呢？其实答案很简单，那就是稀缺性。

早在春秋战国时期，先人们就已经有意识地将黄金和珠玉的价值进行比较，比如《管子》记载："先王以珠玉为上币，黄金为中币，刀布为下币"。也就是在先王看来，在诸多的货币中，珠玉是最佳、最上乘的货币，黄金属于中端的货币，铸钱是最下等的货币。珠玉的价值源于它的稀缺性，既表现在文化方面，也表现在物理方面。

从文化角度分析，在古时候，只有最高级别的统治者才有权使用的传国玺是由玉制成的，谦谦君子的温润性格被形容为"玉"。珠玉除了具有医疗和保健的作用外，还被赋予了浓厚的哲学色彩和道德内涵。随着时间的推移，珠玉成为美好和高雅的象征，在中国文化中具有不可替代的作用。

从物理角度分析，矿产资源具有不可再生性。随着开采量的上升，留存下来的可供开采的玉石资源急剧下降。于是，我们发现，在近二十年的时间里，和田玉的仔料价值上升了几千倍。珠玉的形成需要经历很长的时间，品质越高、材质越好的玉石经历的时间越长。玉石的材质、制作的工艺、雕工的粗细等因素均会对玉石的价值产生重要的影响。

因此，玉石的稀缺性决定了其价格比普通材质的首饰要高得多。

在经济生活中，就消费领域而言，在满足了基本"刚需"之后，消费者对"稀缺性"和"独特性"的需求显著增强。人的自我意识逐渐被唤醒，和别人区分开来从而变得与众不同的愿望日渐迫切。如何标示身份、地位和财力，如何在体现独特性的同时，还不破坏社会已有的规范，成为现代人思考的课题，而有需求就会有市场，这种需要便催生了奢侈品。

经济学领域对供给关系与价格之间的研究已经十分透彻，简言之，在需求不变的情况下，产品的供应量越少，产品的价格越高；在产品的供应量保持一定的情况下，消费者的消费需求越多，产品的价格也会上升得越高。商品的稀缺程度往往决定了它价值的高低，这也就解释了生活中我们常说的"物以稀为贵"。

一件产品会因为原材料罕见、制作工艺精湛而成为奢侈品，也可能因为人为控制供应量而变得无比稀缺。在人类历史上，最初的奢侈品往往也和高技艺和有限资源联系在了一起。无论是珠玉还是金银首饰，均因为材料难得、雕工精美而成为上层社会的把玩之物，但是随着社会的发展，稀缺性通常是人为制造出来的，奢侈品常常是人为操纵的结果。商家贩卖的不只是产品本身，还有大众的焦虑和标新的需求。

产品越稀缺，产品的价格就越高，这个理论可以很好地解释奢侈品领域一系列不寻常的现象。就奢侈品的消费而言，有一部分消费者认为稀缺代表着商品具有很高的工艺水平，奢侈品价格高也是不言而喻的；有一部分消费者认为"稀缺性"意味着"出价高者得"，于是，他们购买的不再是奢侈品本身，他们消费的还是一种自由、权利和资格。其实，消费领域存在盲从的消费习惯，也存在标新立异的消费心理。不可否认，部分消费者能够从购买稀缺产品的过程中，获得一种不同于常人的"贵族"感受，他们试图将自身价值与奢侈品价值进行捆绑，通过消费奢侈品来展示自己的高品位。

归根结底，商家惯用的营销手段最本质的特征在于通过营造一种稀缺性，来刺激社会的消费欲望，从而抬高商品的价格。

所以，通过分析奢侈品兴起的过程，我们得到了一个重要的启发：在博弈中，获得优势的一种方式是让自己变得不可或缺，即变成"奢侈品"。

商人获取经济利益的方式大致可以分为两种，薄利多销或者高端定制，但由于商品同质化问题过于严重，很多商家并不能通过提高产品独特性的方式获取暴利，于是，为了提高营业额，他们往往竭尽全力去降低成本，所以，假冒伪劣产品在现代社会如此盛行，也就不难理解。

但幸运的是，有些商家意识到了在激烈的商业竞争环境中，只有变得独特、变得稀缺，才能持续地生存下去，因此，"要么出众，要么出局"的理念，也逐渐盛行起来，匠人精神逐渐得到世人的认可。

说到底，匠人精神最根本的逻辑是对作品投入无限的爱，使之变得独特，变得不可替代。春秋战国时期，"工匠"作为一种职业早就已经出现了，也就是我们常说的"士农工商"中的"工"，即工人和匠人。由匠人潜心制作的刺绣十分精美，由匠人烧制的陶瓷非常漂亮，中国也因为盛产瓷器和丝织品而闻名于世。不同的行业或者商家可以在不同的领域展现出不同的独特性和专长，具体而言，这种专长可以是经营方面的，也能是理念方面的，也可能是产品方面的。

不同的企业经历了不同的发展阶段，沉淀了不同的价值和文化，这种独一无二的、其他企业无法在短时间内模仿的优势，也是核心竞争力的一个侧面。企业的核心竞争力并不是自发形成的，而是培育和发展的结果。

消费者的注意力也成为商家争抢的重点，能够被消费者识别和记忆，在一定程度上意味着企业在营销之战中取得了巨大的胜利。

另外，创新精神对企业的影响表现在它能够促成资源和人才的结合，并长远地影响企业的发展势头和发展潜力。人才可能会被竞争对手挖走，商业秘密可能会被窃取，投入大量的资源研发而成的专利权可能会在短时间内被其他商家模仿。在这个高风险的社会，只有稀缺性和独特性，才使得企业能够获得一定程度的安全感。当企业提供的稀缺性产品和文化融合了企业的文化特征，这种不易模仿性才能为企业提供额外的经济收入。

美国的通用电气公司在世界范围内具有广泛的知名度和影响力，它能够从众多的企业中脱颖而出，成功的关键在于通用不断地试错，不断地向强者学习，不断地探索更有效的方法。杰克·韦尔奇表示，无论哪家公司，只要他们在一个领域做得好，通用就愿意向他们学习。通用先后向惠普、威名百货等公司学习先进的理念和经验，逐渐淘汰落后的方法和生产线，在不断的改进中，通用降低了成本，提高了品质，获得了更大的市场份额。

核心竞争力能够为企业提供不竭的动力，在激烈的竞争环境中，企业意图立于不败之地，必须培育自己的核心竞争力，增强稀缺性。

稀缺性的影响远不止于商业和商品的价格，它还关乎一个员工能否在职场中获得安全感和薪资。我们不歧视任何一种职业，也无意于将职业划分成三六九等，但我们不得不取大优先，在人力资源市场上，体力工作者的可替代性比脑力工作者要强，即使体力工作者的工作环境很恶劣，即使体力工作者也具有吃苦耐劳的优秀品质。这种现象表明，越是拥有稀缺的技能，越能在职业中获得安全感。

稀缺性可以表现在天赋上，也可以表现在技能上，还可以表现在资源上……

现代社会是知识社会，不学习、不上进是无法跟上时代节奏的，只要我们方法得当，愿意潜心投入就更容易脱颖而出。

无论是在产品市场还是在人才市场，稀缺性或者说不可替代性对于一个人或者一家企业而言，都具有重要的影响。稀缺性并不是什么难以获得的品质或者技能，但获得稀缺性的过程，确实需要企业或者人才付出艰辛的努力，就像能进入程序员行列的人成千上万，但真正能够成为一个顶尖的程序员，也不是容易之事。

生活中总是充满了变数和未知，我们总是趋利避害地想待在舒适区，不想迎接挑战，但是，对新鲜事物充满好奇，愿意接受新知识并学习新技能，我们才能获得更高水平的安全感。

企业想要获得持久的竞争优势，就要增强稀缺性，就要掌握一些别人无法轻易抄袭和模仿的资源，就要学着去积累和沉淀，学会扬弃，而一个人要想在职场中获得稳定而体面的工作，也必须把自己变得不能被轻易取代，时刻训练自己的逻辑，才能获得足够的安全感和高薪资。

关注核心问题和本质关系

博弈论并不是仅供学者们把玩的理论，它与每个人的生活息息相关。生活中，人们总有各式各样的境遇，我们要采取何种策略才能始终保持成功呢？是否有一只看不见的手在操控整个棋盘？如果真的有，那它大概就是这样一种能力：关注核心问题，从纷繁的表象之中，厘清本质关系。

如何才能在一场网球竞技中夺得桂冠？有人会说那要看运气，没有哪个人能百分之百地保证自己可以碾压对手，运气好的话，倒是可以胜得轻松一些；但也有人对此表示反对，认为提高自己的实力，能够减少这些不确定因素产生的影响。其实，无论是在网球运动中，还是在其他的竞技活动中，能够在自己占有主动权的环节好好发挥，积累下优势，在对手占主动权的时候，不出现明显的失误，便能够轻轻松松地拔得头筹。

有些人的动作很优雅，有些人的动作富有力量，我们要不要放弃自己惯常的发球动作，学个一招半式呢？专业教练一定会否定你的这个想法，因为每个运动员的身体素质和运动习惯都不同，适合别人的未必适合自己，一味模仿的结果便是让自己丧失所有。不过，要想提高自己的技能，借鉴别人的优势也不是不可行，但最本质的是要从改进基础动作切入。

力学原理让运动"万变不离其宗"，是运动界的"看不见的手"。就网球而言，提高发球的高度和速度，不能只靠蛮力，必须研究力量与方向之间的关系，需要拨开云雾，抓住问题的本质。

我们在考虑采用何种策略予以应对问题的时候，一定得分析对手的具体情况，尤其要解读他们的强弱。如果我们的对手势气正盛、气焰嚣张，我们没必要以强对强，相反，我们可以通过退让的策略，引诱对方得意忘形，让对方卸下防备，利用对手呈现出的弱点，将其制服；如果我们的对手唯唯诺诺，我们也没有必要隐藏自己的锋芒，有时候甚至可以不战而屈人之兵。

在日常的博弈中，分析对手的性格和实力，对于策略的选择而言十分重要。在与对手接触的过程中，从种种表象中抽丝剥茧，判断他透露的信息是真是伪，找寻对手最本质的特征，这有助于我们采用最便捷有效的策略来采取下一步对策。

在商业博弈中，最基本的假设是理性人假设，这个假设要求我们学会给对手留余地。比如，在"囚徒困境"中，如果双方同时坚守"合作协议"，就可以逃脱法律的制裁，但最终二人还是选择了代价最大的一种策略。在这个博弈情景下，这只"看不见的手"就是经济生活中人是具有趋利避害本能的理性人。所以，在分析类似案件时，我们一定要拨开云雾，找到问题的本质。

沿着这个思路，我们可以再拓展一步。获取经济利益的过程并非总是零和博弈，双方完全可以通过合作来实现各自的利益。签订合同的双方当事人，目的并不是破坏既定的契约，而是通过合同的执行，实现各自的利益，并在此过程中为他人解决问题。所以，增加自己利益的最优途径并不是在合同中加入一些对自己最有利的条款，而是学会适当妥协和让步，给予对方一定的利润空间。

在中国改革开放伊始，社会的贫富差距并不明显，但几十年的时间过去以后，社会上层与社会底层之间已然产生了距离。造成这个现象的原因不在别处，而是深深扎根在我们的观念中：有些人在获取一定的资金之后，会想着让钱生钱，而有些人因为受够了贫穷的苦，只想把钱攥在手里。众所周知，风险与机遇并存，相比于穷人，富人更愿意积极地面对挑战，从挑战之中获取额外的报酬。有些人会共享自己的收获和经验，在分享和交流的过程中，学会更多的知识，而有些人的眼界较为狭隘，往往觉得据为己有是一种更安全和稳妥的方式。所以，的确有一只"看不见的手"在支配着每个人的财产。

抓住问题的本质是为了了解事物产生、发展和变化的全过程，但我们受制于生活经验的缺乏或其他因素，很容易被纷繁的现象困住，像是一个摸象的盲人。要想不被眼前的树叶遮住眼睛，就要学着由表及里、由浅入深地分析事物，达到去粗取精的效果。

现象和本质之间的关系十分复杂，它们既相互对立，又相互统一。本质意味着稳定和深刻，单纯和间接，而现象意味着变化和浅显，丰富和直接。现象围绕着本质展开，受本质的决定。看似偶然的表象，背后有必然的因素，看似简单的表象，背后有深刻的道理。对这些表象进行深入的观察，找到事物最关键的特征和最核心的问题，才能更为顺利地推动战略的开展。

我们以价格变动为例，影响价格的因素有很多，比如，市场供求、地域特征、消费偏好，但最终能够决定价格的因素只有一个，那就是商品或者服务的价值。这就是我们常说的"价值变动规律"，即价格始终围绕着价值上下波动。就一件高档羽绒服的价格而言，由于北方的冬天温度要远低于南方，在北方地区羽绒服属于刚需，而在南方则不然。具体来说，漠河地区的消费者比海南地区的消费者对羽绒服的需求量大得多。于是，同一件羽绒服，在漠河的标价往往要比海南高，但归根结底，二者之间的差别不会太大，价格肯定高于低一档次羽绒服的售价，也肯定会高于成本。明白了这个道理，我们在以后的生活中就会明白，在大多数情况下，"物美价廉"是一种美好的愿望，而"一分价钱一分货"才是王道。

我们要逐渐培养这样的能力：精准地预测事物发展的路径，而不被扑朔迷离的表象遮住眼睛，不被这些因素干扰了思路，从诸多矛盾中找寻最主要的矛盾，利用矛盾去消灭矛盾。影响一次博弈能否成功的因素有很多，但如果将失利都归结为不可控的因素，则是一种推卸责任的表现。面对同样的形势，不同的人会采取不同的策略，而不同的策略将会产生不同的结果，这是我们不甘于现状的根本，也是我们发挥主观能动性的信念基础。

第五章 /

最高明的博弈
隐形制胜法

重新定义情境的哈洛效应

在消费过程中，人们时常出现一种有趣的心理，就是当你购买了一件产品，发现它用起来十分舒适后，就会更多地购买该品牌的其他产品。或者当你在某个公司享受到了十分满意的服务，之后你打算购买其他服务时也会优先选择这个公司。而相应地，如果某个公司的一种产品出了一些负面新闻消息，那么这个公司生产的一切产品看起来都变得不那么靠谱了。这就是所谓的刻板印象。

1828 年的一次舞会上，"俄罗斯文学之父"、著名的大诗人普希金与当时号称"莫斯科第一美人"的娜塔莉娅邂逅了。少女体态婀娜、面若桃花、衣着华丽，一下子就牢牢抓住了诗人的心。自此，诗人普希金便展开了对娜塔莉娅的狂热追求，并请好友出面做媒，郑重向娜塔莉娅提出了求婚。结果，遭到了娜塔莉娅父母的婉拒。直到 1830 年，在普希金的另外一位好友的帮助下，娜塔莉娅的父母才转变心意，普希金最终如愿以偿地抱得美人归。然而，婚后的生活出乎诗人的意料。在普希金眼里，美貌无双的娜塔莉娅自然也一定是品行高贵、聪敏好学的。可是，娜塔莉娅不但对普希金的诗作毫无兴趣，而且十分热衷于参加各种豪华舞会。为了讨好妻子，普希金只好挥金如土，结果不但使自己债台高筑，甚至还为了娜塔莉娅与另外一个男人决斗，最终不幸离世。俄罗斯的太阳、一颗文学巨星就这样早早地陨落了。

如何解释普希金当时的心理呢？有一个著名的现象叫作"哈洛效应"，也称"晕轮效应"。"哈洛"原本指的是画在圣像上的后光，正是这层光晕的存在使得圣像从普通的人物画像中脱颖而出，成为人们心中"神"的象征。因此，所谓"哈洛效应"指的就是人们只要看到某人有"光晕"，便会潜意识地将此人视作完美人物的现象，其本质上属于一种以偏概全的认知错误。而在现代社会经济生活中，"哈洛效应"则被越来越多地应用于企业管理与营销竞争之中，下面我们以圣罗兰女表的一则经典广告设计为例来让大家感受一下"哈洛效应"应用于商业领域的巨大作用。

在某知名女性报刊上，印刷了这样一幅色彩亮丽、图案引人入胜的精美广告——在一家高档餐厅里面，一位相貌美丽、身材高挑、举止优雅的年轻女士，她站在三位男士的面前，男士们则围坐在奇彭代尔式桌椅旁，餐厅里还有一面充满了复古味道的雕花大镜子以及巨幅壁画和洁白的大理石柱作为陪衬。年轻女士佩戴着黄金饰品和圣罗兰女表，而男士们皆西装革履，全神贯注地凝视着站在他们面前的这位年轻女士，目光中充满了爱慕和欣赏。而在广告图案的右上方还注有一行广告词——"有些女人懂得迟到的艺术"，言外之意立刻就让人明白广告图案中的这位年轻女士迟到了，但是她是"故意"迟到的，而且她对时间的把控十分精准，可以说是迟到得刚刚好，那么她为何可以做到这一点呢？答案当然是因为她佩戴了豪华名表圣罗兰，所以她才能够如此巧妙地向几位男士展现了她作为女性的无限魅力。

毫无疑问，圣罗兰的这则广告将其潜在的消费者瞄准了该知名女性报刊的忠实读者群——地位"高端"或者正努力跻身于

"高端"社会的女性。她们能够从那位美丽动人、活在高雅世界中的年轻女士身上找到自我的圣罗兰,这则广告将其手表与"提升购买和佩戴者的身份地位"有机结合在一起,通过创造这一隐藏了暗示的精美奢华的情境,将"高层次""精致主义"等女性概念传递给了消费者,强烈刺激了女性消费者"提升自身身份定位"的渴望,并在这一渴望的驱使下做出了购买行为。由此可见,广告方正是通过运用"哈洛效应",赋予圣罗兰女表以各种美好的象征意义,为目标消费者营造了一种令其醉心的氛围,才令双方达成了默契,在产品营销上获得了巨大的成功。

从上述例子中我们可以知道,运用"哈洛效应"其实就是通过借助某种强大的象征意义或权威存在而使被营销对象形成高于其实际情况的影响力。

运用"哈洛效应"的方法有时也被称为"名人效应",正是因为有些名人在一个领域已成为"权威",其一言一行也就拥有了一定的影响力和号召力,如果能够通过创造情景、重新定义的手段将被营销对象同名人的这种影响力和号召力捆绑在一起,那么就很容易引发人们的效仿。

关于在商业营销中运用"名人效应"为产品做宣传,提升产品价值的做法其实还涉及博弈论中的"智猪模式"理论。具体来讲就是:一个猪圈里养了一大一小两头猪,但只设了一个食槽,并且,按照猪圈的设计,猪如果想要吃到食物,就必须跑到食槽对面去碰触一个按钮,这样一些食物才会落到食槽中。我们假设猪每触碰一次按钮,落在食槽中的食物的数量为10,且这一大一小两头猪都拥有一定的智力,每当其中一头猪前去碰触按钮的时候,另外一头猪都会趁机抢先将落到食槽中的食物吃到嘴里,这样一来，前去触碰按钮的猪所吃到的食物就会减少。那么，这两头猪会如何抉择呢？

其实，在这种情况下，因为两头猪各自的选择无外乎前去碰触按钮，抑或是等在食槽边趁机抢先吃到落在食槽里的食物，那么，经过分析，博弈结局一般有以下三种：

一是小猪前去碰触按钮，此时大猪就会抢先吃到落在食槽中的食物，等到小猪碰触完按钮返回食槽边的时候，已经无力与大猪争抢食物了，此时，大猪和小猪各自得到的食物数量比例为 10：0；二是大猪前去碰触按钮，此时小猪就会抢先吃到落在食槽中的食物，等到大猪碰触完按钮返回食槽边的时候，它只能吃小猪吃剩下的食物，此时，大猪和小猪各自得到的猪食数量比例为 5：5；三是大猪和小猪都选择等在食槽边趁机抢先吃到落在食槽里的食物，此时，大猪和小猪各自得到的猪食数量比例为 0：0。

由此可见，就小猪而言，其应当做出的最优策略便一清二楚了——既然自己如果前去碰触按钮，反而根本吃不到食物，而等着大猪去碰触按钮，自己反而可以抢先吃到一半的食物。因此，小猪一定会选择等在食槽边，而对大猪而言，它也很清楚自己不可能指望小猪前去碰触按钮，可是如果自己也不去碰触按钮的话，大家都会被饿死。因此，大猪只好选择碰触按钮，同小猪分吃食物，从而最终形成了"大猪辛苦奔忙，小猪坐享其成"的局面。

在"智猪模式"中，小猪正是搭了大猪的"便车"，而我们上述所讲的"名人效应"其实也就是产品搭了名人的"便车"，是对"智猪模式"的实际应用。当然，"名人效应"来源于"智猪模式"，是"哈洛效应"的最典型的应用。但值得注意的是，

"哈洛效应"在实际生活中的应用并不只是"名人效应"这一种，其最关键的做法还是在于重新定义情境，为营销对象创造一个象征着权威等重要意义的"光晕"来。

在生活中，想要让一个人去做某件事，就必须赋予这件事以充分的意义或动机，让更多的人在同一事物上产生共鸣，这样大家就会主动参与进来。这就是"哈洛效应"的魅力和关键所在。

心理反转的博弈

提到博弈，大多数人想到的就是面对面的对抗和竞争，但事实上，真正有效且退敌于无形之中的博弈策略其实是反向博弈。

反向博弈指的就是运用反向思维来制定策略，从而让对方放松警惕，从而实现反杀的目的，其核心思想就是"反向思维"。

在这里我们用一个具体事例进行说明，娄老板经营着一项箱包生意，有一天，一位太太来到他的店里，说是想要为自己即将上大学的女儿购置一个旅行用的拉杆箱。选来选去，最后这位太太选中了一个能够充分满足使用空间最大化的拉杆箱，而且，这个拉杆箱的外身颜色是果冻粉，很符合十几岁小女生的审美，所以，这位太太最终决定购入这一款！

选好了商品，那么接下来就是价格战了。娄老板告诉这位太太，这个拉杆箱是新品，质量也是上乘的，所以价格稍微贵一些，要300元。听了娄老板的报价，这位太太显然认为价格过高。一番讨价还价之后，娄老板将价格降到了270元，但这依旧不是这位太太的理想价位。

这个时候，娄老板突然转变了口风，说道："这位太太，我看您是真心想要买这个拉杆箱，这样吧，成人之美，我就吃点儿亏，260元钱，不能再少了，您快拿走吧！"

可是，这位太太却不会轻易善罢甘休，依然在买与不买之间游移不定。见此状况，娄老板接着说道："265元，这真的是我的最低价了，您可不能出去给别的顾客讲啊，不然小店的生意可就做不下去了！"

"哎？不对啊老板！您刚刚还说的是让我260元把这个拉杆箱拿走，怎么突然最低价就涨成了265元呢？"太太一脸机敏地说道。

"不可能的！260元我就相当于是白忙活了一场，怎么可能给您这个价儿呢？"娄老板装出一副惊慌失措的模样回答道。

"你刚才说的明明就是260元嘛！你可得对自己的话负责啊！"

娄老板只好装作很为难的样子，沉默许久，说道："好吧好吧，就当我白给你运了一个吧，260元，拿走拿走。"

于是，原本为了价格争执不下的双方终于达成了交易，口口声声说着自己"白忙活一场"的娄老板最终还是收获了150元的利润额。

在这个例子中，娄老板所使用的博弈策略其实就是"反向思维"，他知道这位太太的目的就是逼他说出一个最低价，所以故意制造了一个"口误"，促使这位太太很快和娄老板达成了一致意见，殊不知，这只是娄老板的一套"障眼法"罢了。

在日常经济生活中，很多商家认为自己必须通过降低价格才能让顾客前来购买自己的产品，所以彼此之间总是争先给出"跳楼价"、"白菜价"来抢夺对方的客源。但是，顾客们在意的根本不是你是否真的已经将价格降到了最低，而是他们是否有一种"占了天大的便宜"的感觉。

因此，如果我们能够运用反向思维，采取反向博弈的策略，使对方误认为自己得到了很多的好处，那么，他就会非常乐意继续这场交易，如此一来，你的目的也就实现了。

曹鑫到一家知名的广告设计公司求职，并且顺利地通过了初试，成为入围复试的八位求职者之一。复试要求每一位入围者都要按照公司的要求设计出一件作品，并向其他的求职者进行展示和讲解，其他的求职者对其作品打分并写下评语。最低分 0 分，最高分 10 分，评语要求在 100 字以内。

在为其他几位求职者打分的时候，曹鑫对其中三位求职者的作品十分赞叹，因此，在打分的时候，他感到十分纠结：如果打得少了，不符合客观情况，如果打得多了，又担心对方的分数过高将自己比下去，左思右想之后，曹鑫最终还是遵从内心，为这三位求职者打出了高分，并写下了溢美之词。

然而，当复试结果出来的时候，令曹鑫感到惊讶的是他居然顺利入选了，而他所欣赏的那三位求职者中却只有一人入选！

对此，曹鑫百思不得其解，最终鼓起勇气询问该公司的负责人。得到的答案是："这次入围复试的每一位求职者都有很强的专业素质，十分优秀，不过，相比于这些，公司还在意你们是否能够做到相互欣赏。因为，如果不能看到他人的长处，即便专业素质再强也不过是庸才罢了，这就是最终入选者和落选者的最大区别。现在，你明白了吗？"

听到这里，曹鑫点点头，并为自己刚刚在打分时做出了正确的决定而感到欣慰。

在反向博弈中，一个最行之有效的方式便是学会欣赏和尊重自己的对手。真正的人才和英雄是懂得彼此欣赏，因为他们知道愚蠢的人把朋友变成敌人；聪明的人把敌人变成朋友的道理，这就是反向思维。这种充分利用对手给自己助力的方法和胸怀，不仅能够带给你事业上的成功，更能够给予你精神上的愉悦，收获高质量的友谊，这就是反向博弈的巨大魅力。

　　学习和运用反向博弈的技巧，将有助于我们在工作和人际交往等场合中出奇制胜，得到意想不到的理想结果。所以，我们需要在发觉自己处于博弈的不利条件时，试着剖析自己的思维，体会反向博弈的精髓，做到反客为主。

自我发展与突破的猎鹿效应

我们从小到大都面临着各种竞争。读书的时候，我们要跟同学比排名；高考的时候，我们要跟考生争录取率；工作后，我们要跟同事争升迁机会；创业时，又要跟同行争抢市场。这样看来，似乎我们的身边危机重重，但事实果真如此吗？

读书时期，如果同学们在一起互相督促、互相鼓舞，那么大家的成绩都能得到提升，工作时，如果同事合作完成项目，那么就会提升工作效率；而创业期，就更是要跟同行们抱团取暖，才能免受淘汰之灾。

这就告诉我们，在社会合作的层面上，只要善于利用身边的资源，就会产生一加一大于二的共赢效果。

作为个体，我们需要在这种相互协作中，找到属于自己的前进方向，而这需要面临的问题，就是个人与集体之间的博弈。

在这里举个例子，从前有一个村庄，这里住了两位猎人，他们都非常优秀。有一天，两位猎人一起外出打猎时碰见了一头梅花鹿，二人便商议合力将它抓住，而偏偏就在这个时候，又有一群兔子从路边跑过。假设要成功捕猎一只梅花鹿必须由两位猎人合作完成，而抓到一只梅花鹿可以供每个猎人吃十天，但是一位猎人可以抓到四只兔子，四只兔子够一位猎人吃四天，那么，在这种情况下，两位猎人应该如何选择呢？

经过分析，我们可以得出四种情况：

一是两位猎人选择合力捕猎梅花鹿，此时两位猎人每人都可以得到十天的食物；

二是两位猎人都选择了捕猎兔子，此时两位猎人每人可以得到四天的食物；

三是猎人甲选择捕猎梅花鹿，猎人乙选择捕猎兔子，此时猎人甲将一无所获，而猎人乙可以得到四天的食物；

四是猎人甲选择捕猎兔子，猎人乙选择捕猎梅花鹿，此时猎人甲可以得到四天的食物，而猎人乙则一无所获。

因此，很明显，在四种情况中，最好的均衡结果便是两位猎人通力合作，一起抓捕梅花鹿，这样一来二人都能得到十天的食物，此时的最优策略是一致的。

这个例子来自法国伟大的思想家、启蒙家卢梭的著作《论人类不平等的起源和基础》。在该书中，卢梭用"猎鹿还是猎兔"的例子来对个体背叛如何阻碍集体合作进行了详细的论述，而后人们从该例子中得到启发，明白了合作才能带来利益的最大化，并将该启发应用于现实生活中，将该例子总结为"猎鹿博弈"。

在犹太人中广泛流传着这样一个小故事：一天，两个小孩子共同发现了一个橙子，他们都想要将该橙子据为己有，因而双方发生了激烈的争吵，差点儿打了起来，最后，两个小孩子达成了一致意见——将橙子分成两半，一人一半。然而，回到家以后，一个小孩子用橙子皮做了蛋糕，扔掉了果肉，而另一个小孩子，用果肉榨汁，却扔掉了橙子皮。

在这个故事中，一开始，两个小孩子达成一致意见，双方各分到半个橙子，表面上来看，这种分配方法似乎是公平又合理的，但事实上，他们一个只是需要橙子皮，而另一个却只是需要橙子果肉，设想一下，如果两个小孩子能够提前做好沟通，就会达到两全其美的结果。由此可见，想要进行合作，得到最大化的利益，做好沟通，明确双方的需要是最重要的，否则就会造成资源的极大浪费，而非真正意义上的合作。

从理性的角度来讲，每个人都是独立的利益个体，在进行博弈决策时，每个人都会先从自身利益出发去解决问题，如果再缺乏交流，双方各执一词、两败俱伤的例子也就屡见不鲜了。

在北方地区，还有一种奇特的人种叫作比肩人，他们的两个肩膀是长在一起的，难分彼此，如果其中一个出了问题，另一个也难逃厄运，因此，每当比肩人吃饭的时候，它的两个肩膀便会自觉轮流享受美食，而如果比肩人想要欣赏某处的美景，它的两个肩膀也会交替欣赏。就这样，天长日久，比肩人不但没有因为两个肩膀长在一起而遭受磨难，反而比常人更加灵敏，这一切，自然离不开两个肩膀的相互合作。

比肩人是否真的存在我们暂且不论，但这个故事却是中国历史上战国时期越国的名臣密须向他的上司公石师以及公石师的好友甲父史所讲述的，那么，密须为何要讲述这个故事呢？原来，他的上司公石师和其好友甲父史共同在越国为官，但是二人的性格截然相反，一个杀伐果断，却行事马虎，常常因此而犯下大错，而另一个却偏偏满腹谋略，但又常常因为思虑过多而行事有些优柔寡断。不过，好在他们二人交情甚深，处事方面能够通力合作，相互学习，取长补短，所以无论发生什么事情，他们二人都能够轻松应付。可是，偶然的一天，公石师和甲父史却突然发生了争吵，二人一气之下都不再搭理对方，遇到问题时也不再同对方商量，一来二去，双方都因为在处事时缺少了对方的帮助和提醒而状况百出。将一切都看在眼里的密须十分为两人着急，但又不好直接规劝二人和好，于是便故意设计公石师和甲父史碰面，再向二人讲述了比肩人的故事。密须告诉公石师和甲父史说：

"你们看，比肩人的两个肩膀因为互相友爱而使得比肩人比常人都要灵敏，两个肩膀也各得其所，现在，你们二人总是事事受挫，其实你们心里比别人更清楚自己有多么需要对方的协助，因为你们二人的性格注定了你们就好比比肩人一样，一荣俱荣，一损俱损。"说到这里，密须又讲了一个故事，他说："有一种叫作'琐蛣'的动物，它天生腹部是空的，外部又裹有螺壳，因此，另外一种叫作寄生蟹的动物便居住在琐蛣的腹部。琐蛣的腹部是空的，外部还有螺壳保护，对于寄生蟹而言是绝佳的庇护之所，而寄生蟹又会在琐蛣感到饥饿的时候，主动外出为其寻找食物，久而久之，双方便形成了共生关系，谁也离不开谁，因为对方的存在而在残酷的自然界竞争中立稳了脚跟。此外，还有一种动物叫作邛邛岠虚，它有四条大长腿，跑起来非常快，而且很有耐力，可是捕猎食物的本事却很差，常常饿肚子，而和它相反的是，蟨鼠却只有两条短短的前足，跑起来十分费力，但是蟨鼠很聪敏，非常善于觅食，所以平时，邛邛岠虚就靠着蟨鼠觅来的食物活命，而一旦有危险靠近时，它就会立刻背着蟨鼠逃走，保护蟨鼠不受伤害。所以，你们为什么就不能放下面子重归于好呢？"

听了密须的话以后，公石师和甲父史都认为他讲得十分有道理，并深深为各自的行为而感到羞愧，于是冰释前嫌，重新合作，并取得了很大的成就。

从密须的劝导和公石师与甲父史的例子中我们可以看到，从古至今，只有团结合作才能有所成功。但是，在现实生活中，有人的地方就是江湖，各种磕磕绊绊、矛盾摩擦都在所难免，特别是在某种特定的环境中，比如一个新入职的员工刚到公司的时候，一开始都会感到所有人都非常的友善，大家团结一致、和睦相处，可一旦相处久了，对彼此和整体的环境有所了解之后，他才会发现，原来看似和谐的办公室却有着那么多明争暗斗。每个人都有自己的欲望，都在潜意识里将对方作为自己的"假想敌"，可是，我们似乎忘记了，获得自己想要的利益，实现自我价值并非只有竞争这一个手段。事实上，在日新月异、飞速发展的现代社会，单打独斗、你死我活的竞争模式早已过时了，"英雄主义"也早已露出了它固有的缺陷——人活在这世上也不过都是普通的生物，也都有其固有的优点和缺点，如果我们只知道相互厮杀，妄想独自做一个"完美英雄"，那么，迟早会遇到自我发展的瓶颈，被困在自我的局限中，再难寻到新的突破口，唯有放下成见，与人合作，取人之长，补己之短，才能在博弈之中打破僵局，实现互惠互利，这也就是猎鹿原理的核心要义。

猎鹿模式告诉我们的是，想要达到共赢，合作是最好的方式。并且，不但人与人之间存在合作，企业和企业之间也同样如此。

平时我们在大型的节假日到商场购物时，一定看到过商家们联合进行商品促销的场景吧？两家以上的企业通过销售资源、市场资源互利共享的方式联合起来促销各自的商品，这种营销方式就叫作联合促销，这种促销方式可以使企业在激烈的市场竞争中最大限度地降低消耗、调解冲突、优势互补，获得利润最大化的促销策略。一般而言，可以分为以下三种类型：

一是纵向的联合促销，即生产厂家与经销商联合行动，共谋盈利。例如，在 2002 年，同为行业领军人物的长虹电器与国美电器双方就联合在翠微商厦进行了一次成功的"世界有我更精彩"的大型促销活动。生产厂家和经销商是同一战壕里的兄弟，有着共同的利益基础，如果他们进行联合行动的话，一定比各自为政得到的利益更大。

二是横向的联合促销，即企业和企业之间的联合行动。例如，在 2002 年，中国饮料行业的"老大哥"——杭州娃哈哈集团和中国软件行业领袖豪杰公司就共同举办了"超级解霸·冰红茶/超级享受·清新一夏"的联合促销活动，在这次活动中，豪杰公司的新产品和娃哈哈的冰红茶进行了捆绑销售，每位消费者购买一定数量的娃哈哈冰红茶饮料还可以获得豪杰公司的新产品作为回报，这开创了中国企业跨行业开展营销活动的先例。通过联合行动，娃哈哈和豪杰公司将各自的优势资源进行了叠加。一方面，双方都可以招揽到更多的顾客，强势吸引顾客的眼球；另一方面，也大大降低了彼此的营销成本，从而实现了企业利益最大化的目标。

三是同一产品的不同品牌之间的联合行动。例如，在 2003 年，容声、科龙、美菱和康恩拜四个品牌就联合进行了一场"战斧行动"，它们对经销商促销采取"同进同出"的战略，在这场行动中，市场份额较大的科龙和美菱品牌在进行品牌推广时会借机推广其盟友容声、康恩拜的产品。它们之所以这么做，是因为同一产品的不同品牌如果联合行动的话，要比单独行动更容易获得较强的品牌效应，也就更容易提高收益。

除了以上三种类型外，一些实力较强的企业还会在发展到一定程度的时候采取"强强联合"的合并策略，例如，著名食用油品牌金龙鱼就曾经与中国第一炊具品牌苏泊尔联合推出了"好油好锅，引领健康食尚"的大型促销活动，还推出了联合品牌，受到了消费者的一致热捧。在这一事例中，金龙鱼和苏泊尔很巧妙地避开了行业的差异性，而选择将重点放在"健康烹饪"这个卖点上，增大了品牌合力，提高了消费者的可接受度，强化了营销效果。

综上所述，猎鹿效应告诉我们，只有懂得合作，才能降低失败的概率，而在合作中也有诸多要求。合作的一个重要前提就是合作的双方必须都能够得到比各自经营时更多的好处，而如果在合作时只是考虑到一方利益，那就违背了合作的基础和原则，难以形成真正的合作关系。此外，根据合作者贡献力量的大小，其得到的利益也会有大小之分，如果双方对自己应得的利益产生盲目且过高的期望，那么就会引发损害对方利益发生的行为，也就破坏了合作的诚信。

用沉默使对方说话

无论是在自然界还是在人类社会，冲突都是不可避免的，但是，不同于其他生物，作为智慧的载体，人类应当如何处理冲突问题呢？

俗话说"宰相肚里能撑船"，唐朝时有一位名叫陆象先的宰相，他气度非凡、宽容仁爱，却长了一张沉着冷静、喜怒难辨的脸，一般人很难猜测到他心里到底在想什么。

早些年的时候，陆象先担任同州刺史一职。一天，家中的一位奴仆在大街上遇到了陆象先当时的一位参军下属。按照唐朝的规矩，一般情况下，奴仆如果遇到当官的人，必须及时下马，否则便被认为是对当官的人的一种不礼遇的行为。而陆象先家中的这位奴仆刚好骑着马，在碰到那位参军的时候并没有下马示意。本来，大街上的人熙熙攘攘，陆象先家中的这位奴仆又着急办事，没有留意到这位参军是很正常的，而且他并不认识这位参军，因此没有及时下马示意，不料这位参军是个横行残暴的主，他看到陆象先家里的这位奴仆见到自己居然没有下马示意，于是火冒三丈，立刻掏出自己的马鞭对着这位奴仆一顿猛打，下手极其狠毒。事后，他还得意扬扬地主动跑到了陆象先的家中，告诉他："下官出手将您家中的奴仆打成了重伤，我冒犯了您，请您削去我的官职！"言语之间，尽是轻蔑和挑衅。

正所谓"打狗还得看主人"，更何况陆象先家中的这位奴仆虽然没有下马示意，但确实算不得是巨大的过错，这位参军如此小题大做，摆明了就是不将陆象先放在眼里，而且，如今这位参军居然还说出将自己免职的话来为难陆象先，其言外之意就是，如果陆象先当真免去了参军的官职，那么这位参军一定会到处宣扬陆象先袒护自家不懂礼数的奴仆，擅用职权，进而毁损陆象先的声誉；而如果陆象先选择息事宁人，那么这位参军也会到处笑话陆象先身为堂堂的刺史大人竟然如此软弱可欺。

因此，面对这种棘手的情况，陆象先是怎么做的呢？

听了这位参军的话以后，陆象先首先将这位奴仆叫了过来，了解了事情的经过，然后，他沉思良久，冷冷地回复这位参军说："作为奴仆，见到当官的人却不下马示意，打也行，不打也可以；作为下属，出手将上司家中的奴仆打成重伤，罢官也行，不罢官也可以。"说完，陆象先就将这位参军晾在了一边儿，剩下这位参军一脸无措地站在原地，回想着刚刚陆象先说过的话，实在不明白陆象先究竟是什么意思。

最终，他思来想去，只好垂头丧气、灰溜溜地告退了。从此以后，他对陆象先的态度也变得恭谨礼貌了许多。

中国古代有一句名言，叫"雄辩是银，沉默是金"。这是因为在博弈论中，沉默其实并不是一种消极无用的态度，相反，适时的沉默同虚张声势、借题发挥等博弈策略一样，给对方带来一种超越语言力量的巨大威慑，这就好比我们平时看恐怖电影的时候，会发现往往最令人恐惧紧张的情节是那种安静得令人头皮发麻，即使落一根针似乎都能够听得一清二楚的可怕氛围。

因此，我们可以看到，相比于滔滔不绝地进行雄辩或者气势汹汹地和对方争吵，适当的沉默反而会让对方心生疑惑和胆怯，从而产生一种比说话更加有效的威慑力，达到以柔克刚、四两拨千斤的效果。

但是，需要注意的是，作为一种博弈策略的"适时沉默"并不等同于简单的不说话，它是一种语言的留白，能够表达出不同状态中的不同的看法和观点。当两个人进行唇枪舌剑的时候，适时的沉默是一种大局在握、沉稳自信的表现，只有内心自卑而羞怯的人才会需要靠着喋喋不休的争论来掩盖自己内心的紧张和不安。所以，当我们需要和对方在心理素质上进行过招时，学会适时沉默要比一直坚持硬碰硬重要得多。

在这里举个例子，某工厂厂长因为生意不景气，所以下定决心变卖自己厂子里的旧机械。按照厂长的内心想法，他认为这些已经折损严重的旧机械也卖不了多少钱，能卖到 4 万元最好，但如果对方杀价杀得太厉害，也可以适当作出让步，只要能够尽快出手就可以。几天后，一位有意向的买家联系了厂长，这位买家察看了一番机械后，一会儿说机械的性能老化太严重，一会儿说机械的外表掉漆太厉害，一会儿又说机械的运行速度太慢了。厂长心里明白这是他为杀价做铺垫，因此也不多言，只是耐心地应付着。

过了好一会儿，买主傲慢地说道："说实话，你这些旧机械的质量太差了，我实在不是很想购买，不过，如果你可以给出我一个较为实惠的价格的话，我还是可以考虑一下的！"听了买主的话，厂长心想："这不就是摆明了问我最低价吗？我应该报多少好呢？会不会有出价更高、更好说话的买家出现呢？"然而，就在厂长左思右想，拿不下主意的时候，这位买主倒是坐不住了，开口告诉厂长："好吧，我最多可以给到你 6 万元的价格，这已经是我的底线了。"

听了买家的话，厂长惊喜不已，立刻就同买家签订了买卖协议。就因为厂长沉默的那几分钟，便无意中给买家形成了一种压力，最终比预想的价格多赚了两万。

从上面的例子可以看出，只要你比对手多坚持一会儿，他就向你露出自己的底线。因此，在这个时候，你要做的就是将问题丢给对方，请他自己来定一个他认为非常合适的价格来，这样你就可以借此来摸一摸对方的底牌。不过，对于那些真正的谈判高手而言，这种小伎俩会被一眼识被，因为他不但不会直率地对你透露关于自己心仪的价格的信息，还会继续以不合作的态度向你不断施压，逼迫卖方说出自己的最低价格。这样一来，你要和他较量的其实不过就是双方的耐性罢了。

因此，当你选择了沉默以后，对方所能做的就是期待你的妥协。在这种对峙状态下，先开口的那一方便是最终选择妥协的一方。所以，你绝对不能在对峙中先开口，否则你就输定了。只要继续坚持下去，保持沉默，对方知道期望你做出让步的计划落空，他就会因为猜不准你的真实想法而按捺不住，不得不再一次做出让步。

就这样，在你看来可能会没有结果的一场谈判最后终于达成了你想要的结果，局势因为对方的妥协策略而变得柳暗花明起来，而对方最终选择妥协的原因便是你坚持不开口。

可见，在谈判过程中，我们必须相信和适时运用沉默的策略，它的威力不会让你失望的。

春秋时期，楚庄王在继承王位后却连续三年无所作为，一位大臣不得已借用比喻向其谏言道："曾有一只巨鸟，却连续三年不飞不鸣，默默无闻，这是为何？"楚庄王却淡然应道："不飞则已，一飞冲天；不鸣则已，一鸣惊人。"果不其然，不到半年，楚庄王便开始亲理朝政，选贤举能，锄奸去恶。他的宏图大略使得楚国在短短的时间内就迅速崛起，成为问鼎中原的主要势力，而其本人也被誉为春秋五霸之一。

从楚庄王的故事中我们可以看到，沉默不仅仅是一种谈判的策略，它还代表着一种处事态度，代表着沉思和力量的积蓄。它是潜龙在渊，是韬光养晦，是每一个成大事者必经的磨炼期。只有经过了沉默的雕琢，才能对事务看得更加通透，处事也就更加从容和得心应手，而这也是博弈中最重要的一种心理素质和能力。

此外，作为一种心理战术的沉默并不可以滥用，否则就会被对方看穿，所以，如何掌握好沉默的尺度和分寸，是在运用沉默策略时的关键所在。那么，我们要怎么做才能将这门"艺术"运用得出神入化呢？

首先，我们必须始终牢记：沉默并不是它表面上看起来的那种毫无作为的消极行为，而是一种以退为进的积极策略，它是具有目的性和计划性的，而非一味忍让和逃避。运用沉默策略的主要目标在于对博弈局面进行有效的掌控，而非忍气吞声地交出主动权。

其次，在沉默博弈中，找准表态的节点十分重要，必须准确地、牢牢地把握住时机才行。否则，一旦火候不对，不但无法收到预期的震慑效果，反而有可能产生额外不必要的麻烦。

再次，根据具体谈判内容的难易，沉默的时间也是有长有短的，需要博弈者好好把控，同时，需要提醒的是，有效的沉默是暂时的、积极的沉默，而非永久的、消极的沉默。

最后，从严格意义上来讲，沉默其实是博弈者在整体应对策略中的一个环节而已，需要前期的酝酿和充分的准备工作，以及同博弈参与者在整体应对策略中的其他环节，如举动、发言、神情、穿着等有机结合起来，才能发挥最大效用。

总而言之，只要我们能够掌握和有效使用沉默这一重要的博弈策略，那么，无论面对怎样艰难的博弈局面，它都可以帮助我们给对方形成一种无形的压力和威慑，从而实现己方的战略目标。

赢得人心的角色渗透

最好的销售员，莫过于会讲故事的销售员。最好的营销方式，也莫过于讲出一个好故事的营销方式。究其根本，是因为人们喜欢听故事，只要你有本事把对方带进你的故事里，那么就有机会给对方灌输任何想要他相信的东西。

1962 年，美国著名军事将领麦克阿瑟回到母校——西点军校参加授勋仪式。故地重游，母校的每一处景致都勾起了麦克阿瑟对于美好的青春时光的无限追忆。这里有着他无比眷恋和感怀的一草一木，有着他青年时期认识的重要伙伴。在授勋仪式上，麦克阿瑟激动地发表演讲道："今天早上，我走出旅馆的大门，执勤的小伙子热情地询问我说'将军，您今天这是要上哪儿去啊?'我告诉他我要来西点军校，小伙子立刻一脸赞叹地说道'啊，您以前就去过那里吗? 西点军校可真的是个棒极了的地方啊!'"

在麦克阿瑟的这个故事中，他用平常简单的话语向我们讲述了他听到的人们对于西点军校的评价，用这样一种感情深沉的方式传达了西点军校在人们心目中的声望，同时也使自己和新一届军校生们对于有这样伟大的母校而感到深深的自豪。

人的心理都有两面性，一面是理性的，由人的左脑主导，另一面是感性的，由人的右脑主导。一般而言，在宣传效果上，理性和感性是两种各有侧重、不分伯仲的方式，只不过诉诸感性更适合紧急的情况，而诉诸理性则在时间充足的情况下更为有效。

因为故事对于情感和内容的表现是十分具体的，因此，一个好的故事更容易调动人的感性思维，使人用右脑进行思考，这在心理学上叫作"情感与理性宣传定律"。

奥迪车行里，销售人员南小飞正小心翼翼地应付着三位客户。这三位客户看起来都是行事谨慎的人，而且，这已经是他们来的第二次了。现在，南小飞正带着他们前去观看维修车间。因为从展厅到维修车间需要走几分钟的路程，因此，南小飞决定利用这个时间给三位客户讲一个小故事来调解一下气氛。

"先生们，你们知道在重庆开车的时候，最需要注意什么吗?"南小飞先向三位客户卖了个关子。

听了南小飞的提问，三位客户先是一愣，继而其中一位说是天气，另外一位说是道路，还有一位说是地图，但南小飞均摇了摇头。他告诉三位客户："在重庆开车的时候，最需要注意的其实是鸽子!"

"鸽子?"

"对，就是鸽子! 因为我们的修车李师傅曾经告诉过我，鸽子的粪便中含有一种能够腐蚀车顶的特殊生物酸。有一次，有一位客户前来提新车，正当他将车钥匙拿在手里准备开车门的时候，突然有一只鸽子从他的新车上面飞了过去，眼疾手快的李师傅立刻伸手将鸽子飞过车顶时落下的一小撮粪便接住了，这一幕被我们旁边的销售人员看在眼里，而这位客户正处在提新车的兴奋状态里，丝毫没有留意从车顶飞过的鸽子，更没有想到李师傅居然用手为他的新车挡住了一小撮鸽子粪。当他转过身来要和李师傅握手告别的时候，李师傅由于不便与客户握手，只能顺势向客户鞠了一躬，用另外一只手朝客户做出"请"的动作，客户只好放弃握手，坐上车走了。这件事情之后，李师傅便常常提醒我们，一定要告诉客户们小心提防在头顶附近盘旋飞翔的鸽子，如果平时出入的地方缺少理想的停车位，那么最好给自己的爱车安装一个车罩……"

听着南小飞的故事，三位客户纷纷下意识地抬头向他们的头顶看去，果不其然，好几只白色、灰色的鸽子正从西南边的天空飞过，同时，他们还留意到奥迪车行的维修车间外面的很多辆车都安装着车罩。当下，三位客户一致停下往维修车间走的脚步，向南小飞说道："好了，我们就不用再去维修车间看了，麻烦您直接为我们定三辆车吧，带车罩的，我们可不想自己的车被鸽子弄脏了车顶。"

在销售的工作场合中，因为销售人员与客户进行沟通交流的时间其实是十分有限的，因此，如果销售人员们能够像例子中的南小飞一样，通过向客户讲述一个具体的故事来调动客户的右脑跟随你的故事线进行感性的思考，那么，你就可以更好地向他们传递产品性能和优势，客户们也会因为冲动而更加容易接受你的宣传理念，从而快速下单。也就是说，能够使客户有角色代入感的好故事能够更好地推动销售的成功，也更容易赢得客户的信赖。

在当今社会，产品的营销已经越来越侧重于内容的营销，对于公司而言，必须对其代表的产品、品牌的内涵进行深入的挖掘和创造，学会为自己的产品和品牌讲出动人的故事。

在英文中，内容营销最重要的一个单词叫作"storytelling"，翻译成中文意思就是"讲故事"。它一语道破了内容营销的关键和本质所在：所谓内容营销，其实就是用一种消费者们都喜闻乐见、易于接受、能够投入更多的关心和注意力的方式去讲述和表达一个专属于自己的或者与自己有关的故事，通过引发和刺激消费者的阅读兴趣，搭建起一座沟通产品、品牌与消费者、客户之间的桥梁。

可是，我们不仅要问：为什么是故事呢？

答案很简单，一方面，作为消费者，人们都憎恶和反感广告，但没有人会拒绝一个生动形象的故事，这是被大脑科学所证实了的。并且，故事就像是一个任人打扮的小姑娘，我们可以对它进行针对性的筛选和加工，然后将它分享给消费者，并随着讲述者和倾听者的变化而不断做出修改和适应。因此，可以说，只有故事才可以真正地引发消费者内心的刺激和共鸣，它开辟出一条能够通往消费者心灵世界的快速通道。而另一方面，用故事来进行内容营销时，可以大大地提升公司产品和品牌的知名度，刷新消费者对于该产品和品牌的认知，通过刺激消费者的购买欲而催化交易行为的完成。当销售者用故事来进行内容营销时，产品和品牌的知名度实际上是在听故事的消费者的口口相传中不断提高的，所以也不存在增加任何成本和经费的风险，这就是故事的力量。

在市场竞争中，很多公司和经营者都深谙"故事"之道，例如，迪士尼卡通就创造了唐老鸭和米老鼠的故事，将"老鼠"这一绝大多数人都厌弃的动物形象成功转换为了热情、大方，能够带给人们无限欢乐的"米老鼠"，并为迪士尼带来了难以计数的巨大财富；王石通过讲一个关于登山的故事，为万科省下了三个亿的广告费；钻石通过"真爱恒久远，一颗永流传"的爱情故事为自己树立了一个见证忠贞不渝的美好形象；海尔公司通过一个砸冰箱的故事刷新了其在人们眼中的形象，使得"海尔产品品质过硬"的印象牢牢刻在了消费者的脑海中。

总之，几乎每一个成功的公司和品牌的背后都是因为有一个精彩的故事在"撑腰"，它们完美地融合了自己公司和品牌的精神内涵和发展历程，通过娓娓道来的传奇故事，在潜移默化中向消费者灌输并使之接受了自己的公司和品牌理念。

那么，既然好的故事成就好的营销，在决定讲故事的时候，我们应该讲些什么内容才是合适而有效的呢？究竟什么样的故事才是好的故事？

通常来说，能够用于建立持久而强大的公司品牌的故事有这样几类：

一是讲述公司的创业历程和传奇的，属于"创世纪"的类型。如2014年9月，阿里巴巴公司在美国上市之际，网络上开始盛传关于"马云的名片"的故事，它讲述的就是马云作为阿里巴巴的创始人，如何从杭州一个不知名小公司的市场部主管、业务副经理成长为如今的商业巨头。一个品牌的基因往往取决于创业初期，因此，讲好"创世纪"类型的故事，对于建立公司产品和品牌的良好形象十分重要。

二是讲述公司的某一品牌在历经洗礼，大浪淘沙之后成为"代代相传"的老品牌的故事，属于"老字号"的类型。如著名的手表品牌百达翡丽就曾经推出过一则广告片，讲述了一块百达翡丽的手表在父子之间流传，成为父子情感的纽带的故事。该广告片内容平凡而真挚，一句经典的"没有人能够真正拥有百达翡丽，只不过为下一代保管而已"广告语亦是将百达翡丽手表的质感表现得淋漓尽致。这种"老字号"类型的故事能够完美地表达某品牌的历史厚度，因而如果能够运用得好，将给公司的产品大大加分。

三是讲述公司的产品和服务在生活中为人们带来的积极的改变和影响的，属于"传播客"的类型。如瑞典家具品牌宜家就曾经与 MEC 娱乐公司合作，在美国的 A&E 电视台举办和开播了一起名为"改造我家的厨房"的家境节目。在这个节目中，制作单位使用宜家的产品，从主动报名参加的家庭中挑选出适合进行厨房改造的几家，通过了解他们的兴趣和作息、生活习惯等，在五天之内对他们的厨房进行了翻天覆地的改造，并在改造过程中详细地介绍了每一件使用到的宜家产品的特色，使消费者直观、真实地看到了宜家产品给生活带来的便利。并且，节目播出之后，宜家在消费者中的口碑更是一路猛涨。"传播客"的故事适合于那种创业型公司的产品。其实，总有动听的故事适合你的产品和品牌，关键是找到一个好的切入点和结合点。

四是展现公司品牌的差异化和特色的，属于"有风格"的类型。如在饮料行业之中，同样都是葡萄酒，不同的品牌在酿造方法、发展历史、口感风味、产地基地和食物搭配等方面都有自己独特的元素和风格，因此，其价格和内涵也就各不相同；同样是中国的白酒，古井体现的是历史的沧桑、口子体现的是窖藏的醇厚、景芝体现的是芝麻的浓香、洋河体现的是眉眼的绵柔……用带有自己独特风格的故事来讲述自己的品牌，能够使得消费者在听到这个品牌的同时就能回忆起该产品的味道、风骨，而这种回忆越清晰、越类型化，就越能够帮助该品牌发展得更好。

如果具体到内容上，我们认为，作为内容营销的关键助推器和引爆点的好故事，还必须在内容上做到如下几点：

一、主题多围绕梦想、励志等正能量的话题

梦想、励志等正能量的话题热度一直在当今社会居高不下，作为很多梦想系列、励志系列甚至是爱情系列的文艺创作素材，梦想、励志等正能量的话题不仅是很多普通人用来激励自己的精神食粮，事实上，它们更是人类共同的追求和软肋。能够将主题聚焦于这些普世的价值观的故事，必然是能够激发消费者的心灵共鸣和购买欲的好故事。

二、人物要具有代表性和突出的个性

当今社会，年青一代追求个性和创新，喜欢标新立异，特别是作为创业大军主力的 90 后和 00 后们。一个品牌故事如果能够很好地记录和展现这些新生代创业人物的鲜明个性，让那些 70 后、80 后的人们通过一场鲜活生动的"故事"来真实地感受他们在创业过程中的挣扎、不易、喜悦和收获，则不失为一个绝佳的故事。

三、传播形式应选择漫画、视频等可视化和新颖的类型

比起长篇累牍的文字，图像化的故事，如漫画、视频等，因为更富有美感和可读性、直观性，所以也更加易于广泛传播和推动客户进行碎片化的阅读。

伟大的发明家爱迪生曾经有一次需要向一位皇家的贵宾讲解电到底是什么，为了力求生动形象，他这样说道："一位白发苍苍的苏格兰电线修理员曾经告诉过我，如果有这么一只猎狗，它的脚非常的短，可是腰身却非常的长。长到什么程度呢？大概就是从爱丁堡到伦敦的距离这么长。因此，如果你在爱丁堡去拖拽它的尾巴的话，那么它就会在伦敦发出狂叫。因此，尊敬的陛下，请原谅我无法具体地向您说清楚那些高架电线中究竟流动的

是什么玩意儿，因为它们很难拿到空气中来让人们看见和触摸，不过，我可以告诉您的是，这位苏格兰电线修理员的话便是我认为关于电的本质的最佳解释了。"

在这个故事中，爱迪生引用了一个脚短身长的猎狗的形象，结合人们的日常生活经验，用生动的图画形象代替枯燥的语言文字来为人们清楚地解释了"电"这个十分抽象的概念。这告诉我们，好的故事，一定是图像化的，形象生动的，而如果能够利用漫画、视频等人工或科学技术将这种形象生动的图像化故事展现出来，这对于消费者的直观刺激便会更加强烈，所起到的广告和说服效果也就会更好。

总之，在这个世界上，虽然没有哪一条道路必然通往成功，但是以故事为核心的营销一定会对你在生活和工作中有所帮助。

语言变化所引起的不同效应

在我们的日常生活和工作中，总是需要在某些场合运用一些技巧和战术去说服他人，要想成功做到这一点，我们必须充分地了解他人的内心想法和动机，因为只有在这个基础上进行相应的动作和反应，我们才能稳操胜券。一般而言，一套完整的说服机制是以思维方式作为引导，以语言声音作为渠道，以自身行动作为辅助的。其中，语言虽然是说服的渠道，但也是说服最关键的内容之一，因为在说服他人的过程中，我们所使用的语言能否对他人心里的那根弦一击即中，决定了我们在和他人进行沟通交流的过程中能否顺畅。不同的语言将引发不同的沟通效果和反应，我们要做的就是学会对说服的背景和情境进行准确判断和把握，根据背景和情境的变化采取最合适的语言，以精准地表达核心思想，并成功引导他人的思维变化，这样，我们的正面劝说才能事半功倍。

第一种语言手段——集中一点式的思维轰炸

实际上，我们在日常生活中所购买和使用的很多产品的牌子都是相对固定的，而我们之所以会如此选择，是因为我们在购买的时候，或多或少都受到了广告的影响，这就是广告的过人之处。

拿我们最熟悉的几句广告词举例说明：

"今年过节不收礼啊，收礼就收脑白金。"

"送礼还送脑白金。"

"孝敬爸妈脑白金。"

"脑白金，年轻态，健康品。"

……

就是这几句朗朗上口的广告词，通过在电视上的一遍又一遍的播放，最后，使得全中国的人都能够下意识地说出它的那几句经典广告词。可是你知道吗？如此成功的"脑白金"在几年前还是几乎令其创始人史玉柱破产跳楼的"脑黄金"。是怎样的博弈策略拯救了并不成功的"脑黄金"，而让其成为人尽皆知的"脑白金"呢？

这就是通过一遍又一遍的打广告，对消费者开展集中统一的语言轰炸，在反复强调中，强烈刺激消费者的听觉和视觉感受，从而提升该产品在消费者脑中的整体印象。

比如，商家在向顾客兜售某种商品时，会故意在商品的各种属性中只挑出最突出优秀的一点反复强调，如价格低廉、耐用、美观、稀缺，等等，而故意忽略该商品的其他属性，因此，在顾客强烈感受到的就是商家反复强调的商品属性，所以此时，顾客便会想当然地认为该商品确实是一件值得购买的商品，而忘记了应该对商品的其他属性进行综合考虑和评价。从本质上而言，顾客的这种"想当然"其实是一种心理倾向和误区，但人们通常很难避免犯此错误，所以，有心的商家便抓住了顾客的这一心理，用集中一点式的语言将商品的部分优势巧妙地扩大为整体优势，从而激发了顾客的购买欲，引导其产生购买行为。

在广告学中，有一个基本的营销法则，即"单一诉求"。这种法则的基本主张就是：消费者在面对不可胜数的商品和广告时，就如同面对一部《辞海》，他们不可能将《辞海》中的每一个词语都熟记于心，同理，他们也无法记住所目睹和听到的所有商品，因此，在设计广告文案的时候，必须给消费者一个强烈的主张，或者是一个非常突出的概念，因为只有这些才是唯一能够使消费者记住的内容，就像只有用凸透镜将太阳的光线聚焦于一点的时候，才会产生足够热量一样。

著名的广告大师克罗斯·霍普金斯在其作品《科学的广告》中就曾经教导我们：

"不要刻意去夸耀和显摆你宽大的厂房和巨大的产量，也不要刻意去夸耀和显摆那些虽然你很有兴趣但是却未必能够引起你的潜在顾客兴趣的东西，吹牛是非常令人反感的。"

然而，反观我们经济生活中的广告，绝大多数都在不同程度上犯着这种错误。

例如，某药企在电视上推出了其新研制的感冒药广告。该广告大肆列举了这种感冒药能够治疗的诸多病症：从普通的流行性感冒到预防癌症，细数下来，竟多达十几种病，堪称包治百病的"神药"。可是，这种广告在顾客看来又是什么效果呢？它像小学生背书一样将该感冒药能够治疗的疾病——背了出来，可是并没有给消费者留下什么印象，最后这种感冒药到底能治疗什么，有什么神奇之处，对消费者来说，没有留下任何的记忆点。

其中，集中强调的说服方式不仅仅体现在广告学中，它在我们进行演讲和日常工作中，依然十分重要。比如，希特勒当年就曾因为总是在演讲时重复一句话——"世界是我们的"而被人认为可笑，但其实，正是因为希特勒对这句话的反复强调，才使其拥有了盈千累万的追随者。

因此，当我们需要说服他人认同或者接受我们的观点时，我们就应该采取这种集中一点式的语言手段，抓住某一点或者某一方面对他人的思维进行集中强调，而千万不可以向对方罗列出一堆枯燥无味的理由。如此，我们才能够获得理想的效果。

第二种语言手段——有目的地让步

大姚是某企业的一名管理人员。一天，公司临时决定派大姚去邀请一位知名的企业管理专家到公司前来讲座，但是，正因为该企业管理专家的知名程度，其平时的演讲、授课等活动安排非常密集，而公司的这次讲座邀请在时间上又十分紧凑，所以大姚心底对于能否成功地邀请到这位企业管理专家是没有多大把握的。

果不其然。当大姚找到这位企业管理专家，向其表达了公司想要邀请他前去讲座的来意后，专家的脸色看上去有些为难。他思来想去之后，问大姚："敢问贵公司能否允许我择期前去讲座？我最近的日程已经比较满了。"

听了专家的话，大姚有些着急地回答说："不行啊先生，我们这次讲座是临时决定举办的，时间十分紧张，如果您真的安排不出来时间的话，那我们只好考虑邀请其他专家了。不过，鉴于您是企业管理方面的明星专家，我们公司对您还是很仰慕的，十分期待您的讲座，因此，如果不是万不得已，我建议您还是尽量不要推掉这次邀请。"

看了大姚的反应，这位企业管理专家满意地点了点头，并立刻交代自己的秘书与撞期的另外一家公司取得联络，尝试重新调整活动的日期。

过了一会儿，专家告诉大姚："撞期的另外那家公司的负责人临时有事，我们暂时无法与之取得联系，但是，如果您现在可以代表贵公司与我签订讲座协议的话，我今天就可以承诺您到时候一定按期到贵公司进行讲座，档期冲突我后期会自行处理好，不过，在价格方面，我就需要在原来的基础上加三成，您看这样能接受吗?"

得知专家做出让步，同意按期前来讲座，大姚不再担心完不成公司交代的邀请任务了，所以，大姚立刻就按照专家给出的条件与之签订了讲座协议。就这样，大姚以远远超出经费预算的成本完成了公司派给他的邀请任务。

在这个故事中，我们可以看出的是，这位专家在与大姚的博弈中采取了适度的让步，从而促成了双方的合作，同时还让自己获得了更多的收益。这种博弈的语言手段就是一种有目的的让步。

俗话说得好："礼多人不怪。"当我们需要和并不相熟的人打交道的时候，如果我们在说话的语气和态度上能够做到谦恭有礼，甚至是在沟通的话题上有所让步，人人心里都有一杆秤，人们普遍会倾向于尽可能多地去回报对自己好的人。"滴水之恩，涌泉相报"讲的就是这个道理。在心理学上，人们的这一倾向和选择被称为"互惠原则"。

互惠原则在我们的工作、社交和生活中都有极大的用处，只要我们掌握了这一技巧，就可以通过做出一定的让步来要求对方给予你更多的报酬和收益，而语言上的让步便是其中之一。

相比于短兵相接，在交流的过程中有目的地进行适当的让步所能够取得的效果绝对要好得多，特别是在营销、谈判的场合中。假设你与某公司签订了一批货物的买卖合同，约定在对方正式开业的一个月前发货，然而，因为对方的建设日程突然改变，所以该公司的联系人询问发货时间是否可以再提前一周时，你会怎么应对呢？

也许此时你早已在仓库里准备好了对方需要的货物，而提前发货你也可以早些拿到货款，所以你会很容易直接告诉对方："好的，只要你们愿意，我明天就为你们安排发货。"

然而在爽快地答应对方的要求之前，你为何不考虑一下运用互惠原则的博弈策略呢？你完全可以这样告诉对方："对发货时间要求提前这么多，我们确实没有料到，所以，我需要和调度人员对接一下才能答复您，不过，我需要事先向您声明的是，一旦我们提前发货，您这边就必须提高货款的价格，这样您是否能够接受？"

在这种情景下，你压低了自己的姿态，为对方作出了满足其需要的让步，这种行为其实就是在暗示对方也需要做出相应的让步。而通常情况下，为了走出僵局，对方也会比较有默契地为你开出有利条件，你们将很快达成共识，交易就这样完成了，对方得到了提前发出的货物，而你则获得了比原来议定的价格更高的利润，整合博弈的结果出现了。

但是，需要格外注意的是，作为一种博弈策略的互惠原则要求我们为对方所做的让步必须是基于一定回报的，如果我们做出让步而不要求回报，那么就可以说是博弈中的一个严重失误。

一天，世界著名的谈判大师罗杰·道森突然接到了他曾经应邀前去讲座的一家摄影公司的经理杰克·威尔逊打来的电话，在电话中，杰克·威尔逊向罗杰·道森致以了诚挚的感谢，因为他最近遇到的一件事情让他深深明白了罗杰·道森在那次讲座时提到的"一定要学会掌握和运用好互惠原则，千万不可以不要求回报就做出让步"这句话是多么的有意义。

原来，就在前不久，一家电视制作中心的负责人打电话给杰克·威尔逊，希望可以暂时借用一位已经同杰克·威尔逊的摄影公司签约的摄影师，因为他们原来的摄影师因故无法工作。一般情况下，杰克·威尔逊面对这种礼貌性的请求都会一口答应下来，但是这一次，杰克·威尔逊突然想到了罗杰·道森在讲座中提到的"千万不可以不要求回报就做出让步"的叮嘱，转而改口问对方："我们可以考虑允许您借用我们的摄影师，不过，请问您这边可以为我们提供什么收益呢？"

其实，杰克·威尔逊在说的时候，心里对对方的答案是不抱太大的希望的，但是，这家电视制作中心的负责人却很大方地告诉杰克·威尔逊，如果杰克·威尔逊的摄影公司允许他们借用其摄影师，那么下次摄影公司在用他们的演播厅的时候，他们可以为摄影公司减免超时拍摄的一系列费用。

杰克·威尔逊告诉罗杰·道森，他听取了他的建议，竟然意外地省下了几千美元的超时拍摄费用，而在过去，他却从来没有想到过这一点，这真的是太棒了！

因此，如果我们想要从他人那里获取更多收益的话，不妨试试这种方式，相信你一定可以获得意外的收获。

第三种语言手段——提前打好预防针

阿鸣是某公司的一名新职员，一直很想在公司里找机会表现一下自己的聪明才干。一天，他的主管高胜遇到了一项较为棘手的工作，正在考虑如何办才好，阿鸣听到这一消息之后，便自告奋勇地告诉高胜："高主管，请把这份工作交给我吧！"高胜看了一眼阿鸣，心想："这个小伙子的确很机灵，学历也高，这次工作倒是个检验他水平的好机会。"于是，高胜再次试探性地问阿鸣:"如果我把这份工作交给你,你能确保圆满完成任务,不出问题吗?"阿鸣自信地拍着自己的胸脯答道:"一定没问题的,高主管!"

就这样,高胜将这份棘手的工作交给了阿鸣。想到阿鸣自告奋勇的状态,高胜认为,作为新秀,阿鸣一定会办得比较出色,可是谁知,一周过去了,高胜询问阿鸣事情进展的时候,阿鸣却支支吾吾地回答说:"那个,我还没有什么进展,我本以为这份工作很简单,没想到做起来这么难啊……"听了阿鸣的话,高胜嘴上安慰他说:"没关系,你毕竟年轻,慢慢来,继续努力",但其实心里却对阿鸣有了看法,再有什么重要的工作任务和表现机会,他也不会再交给阿鸣了,因为他知道,阿鸣是靠不住的。

听了阿鸣的故事,是否会想到在我们的工作和生活中,是否也经常这样在还没有十足把握的情况下便轻敌大意,拍着胸脯说"一定没问题",结果却败在了现实面前呢?

这种将话说得太满,最后将自己置于无法回旋的尴尬境地的事情在实际生活中是很多人都会犯的错误。把话说得太满,最后却什么都没有做到,只会使得自己名誉受损,失去他人的信任和支持,还会极大地打击自己的自信心。

因此,在工作和人际交往过程中,我们必须学会给自己所说的话留有"空间"和"余地",这样才能在突发情况面前做到随时调整,进退自如,保全自己。

在医学上,有一个简单的病理知识——"接种免疫",它指的是即便是身体健壮、生活规律的人,也不可能抵御所有的疾病,而如果我们提前注射了疫苗,让自己的身体提前接受少量的病菌感染,引导身体产生相应的抗体,那么,再面对同样的病菌

时，我们的身体就会有足够的抵抗力去和病菌相抗衡，保护我们
的自身健康。

　　而这种医学上的原理并非孤例。在心理学上，也存在大量的
"接种效应"，当一个人怀有某种偏执的观点，且在其生活的环境
中也没有遭受过来自周围人的刺激而突然受到了某种带有劝服性
质的相反观点时，他就会因为对这种观点的新鲜和好奇而轻易放
弃自己的观点，进而选择顺从他人的相反观点，这就是因为他没
有建立起属于自己的思想防御系统，所以便会很容易被他人突破
自己的思想"结界"；相反，如果从一开始，这个人所持有的观
点就频繁受到来自周围人的辩驳，哪怕只是轻微的刺激，于个人
而言，他也会在思想上建立属于自己的"护城河"，这样，当他
遇到具有煽动性的观点时，就不会被轻易说服。

　　在美国，有一位著名的心理学家做过这样一个实验：他将接
受实验的人分成了两组，并举出大量的"证据"说服第一组的人
相信"至少在五年之内，苏联都没有能力造出原子弹"，而且没
有给予他们任何相反的辩驳，但面对第二组的人时，他却在举出
"证据"说服他们相信"至少在五年之内，苏联都没有能力造出
原子弹"的同时，向他们表述了一些与之相反的观点。就这样，
过了两个月以后，他又开始拿出"证据"试图说服这两组人相信
"苏联还是有希望在不到五年的时间内就造出原子弹的"。这一
次，听了他的劝说之后，第一组的人只有百分之二仍然坚信"至
少在五年之内，苏联都没有能力造出原子弹"的观点，而第二组
中坚持原来的这一观点的人却达到了百分之六十七。

　　这个实验告诉我们，当我们需要劝说一个人的时候，我们不
光要费尽心思和口舌让对方接受我们的观点，还必须想办法让他

抵御来自其他思想的影响。那么，如何才能坚强地抵御来自其他
思想的影响呢？

方法就是上述的"接种效应"，也就是说，通过提前告诉他
与你传达给他的观点相反的内容，让他不但不会对你的观点产生
动摇，反而令其更加相信你这一观点，在遇到其他相反观点时，
也会有更强的抵抗能力。

很多公众人物在面对记者的一系列提问时，总是在回答上加
入大量的"评估、也许、大概、尽量"等词语，这些公众人物之
所以这么说的原因，无非就是在给记者和观众们打"预防针"罢
了，他们用这些不太肯定的词汇，提前为自己留好了万一做不
好、做不到的"回旋"空间，以保证自己到时候能够做到自圆
其说。

我们在自己的日常工作中，面对上级所交代的工作任务时，
也一定要注意不要随便向上级做保证，承诺一定可以做到云云，
而应该以"这个工作对我而言有些难度，但我会全力以赴"、"我
之前没有接触过这样的工作，我会努力做好功课，争取完成任务
的"等类似的话来回应上级的期待。这样一来，既可以凸显你工
作时的严谨和持重，又为自己的意外失败留下了后路，所以，即
使你失败了，你的上司也不会埋怨你、打击你，只会认为你已经
尽力而为了，只是还需要磨炼，但仍然是可造之才。

与人交往和博弈，绝不武断，不口出狂言，为他人铺路，更
为自己留好后路，这是一种策略，也是为人处世的一种智慧。

认清自我的本来面目是终极对抗

在我们的日常工作和生活中，总有一些人喜欢评头论足，这个时候，如果你是那种敏感好胜，非常在意他人评价和认可的人的话，那么，你就会很容易掉进他们的操控陷阱中。他们会利用这种心态，不断地对你进行打压和贬低，最终你会被迫承受严重的心理包袱，甚至变得不惜一切去迎合、讨好别人。只要别人对自己有一点点的负面评价或者态度有所改变，你就会惶惶不安，因为无法得到他人的肯定而自卑不已。

从现在开始停止你的自责和恐惧吧！放下别人对你的评价，静下心来审视自己。我们每个人降生到这个世界上，都是幸运的，每个人都有自己擅长的领域和不足之处。这是我们最真实的一面。我们需要做的就是认清自己，了解自己的长处和不足，扬长避短。不要因为那些别有用心的人的评价而轻易否定自己。要知道，在不断演化中建立的人类社会，个体在这个社会中一定是相互影响、相互作用的，任何一个人都处于别人的目光和评价之中，而每一个对别人的评价也是具有主观性的，并不一定全面、真实和客观。

虽然，完全不在意别人的评价是不可能做到，也是不客观的，但是，正所谓"物极必反"，我们不能全盘忽视他人的评价，也不能格外在意他人的判断，我们要做的，就是在认清自我本来面目的基础上，去把握好对待他人评价的态度。如此一来，我们才可以在博弈的战场上坚定自我，而人要认清自己，其实就是在同自我进行抗争，这种抗争才是终极性的，因为人这一生最大的敌人，其实就是自己的内心意志。

如果我们对于他人的评价不能够进行筛选，而是一股脑儿全部接受，那么，他人的评价便会影响和阻碍我们的方方面面。因此，我们必须理性地看待自己，在足够了解和认清自我的基础上客观地对待来自他人的观点和评价，理性地感知和筛选那些有指导意义的赞美或者批评，才不会因为盲目地将他人的评价当作批判自己的唯一尺度而失去了自我认知，迷失了方向。

伟大的剧作家歌德曾经说过："每个人都应当为自己开辟要走的道路，而不可以轻易被流言吓倒，不可以轻易被他人用观点牵制。"面对来自他人的评价，想要不迷失自我，我们就必须善于思辨，任何时候都必须独立自主地分辨是非对错，不因他人的夸赞而沾沾自喜，也不因他人的批评而灰心丧气。只有始终对自我有明确而清醒的认知，才不会沉溺于他人的评价和看法，也就可以避免沦为他人操控、支配的对象。

在博弈论和心理学上，有一种现象叫作"取悦症"，它是指对他人的认可形成强迫甚至上瘾的行为模式。有这种行为特征的人，往往会执着于扮演"好人"的角色，并想当然地认为别人也是如此认可自己的，并且，为了保持这一形象，还不能表现出任何的不快、拒绝和愤怒，尽管这些情感都是正常的情绪反应。一般而言，这种"取悦症"有三种类型：

第一种是认知型的取悦症者。这种人对于自我和自尊的定义便是他为别人付出了多少，他们随时随地都在准备着争取获得每个人的喜欢，并深陷自我亏待的状态中无法自拔。他们相信，只有努力地讨好他人，才能避免遭受他人的拒绝。

第二种是情感逃避型的取悦症者。这种人往往具有很强的不安全感和忧虑感，总是害怕被他人疏远和抛弃，只有在讨好他人中才能获得存在感和安全感。

第三种是习惯型的取悦症者。对于这种人而言，牺牲自己的一切需求去照顾他人的需要已经成为一种自然而然的习惯和思维定式，他们宁愿独自承担所有的痛苦和困难而绝不假手于人。

不过，尽管取悦症者为他人付出了那么多，可是这种自我牺牲却往往不能够换来其想要的"建立长远的关系"、"互惠共赢"的效果，相反，还可能因为长期压制自己的正常的情感和需求而变得郁郁寡欢，严重影响其身心健康和工作生活。

其实，取悦症者恰恰是违背了博弈论中的"双赢"的策略，无下限地去满足他人的愿望而导致对自我的认知产生偏差，他们无法分清自己与他人的边界在哪里，不清楚究竟责任的本质在于什么，不清楚自己的得失，因而常常错误地承担了本应属于他人的责任，而自己真正应该得到和付出的却没有实现。

在我们的日常生活中，这样的取悦症者其实并不在少数，而要摒弃这种错误的思维策略，建立正确的自我认知，我们就必须做到如下几点：

第一，记住"受人喜欢并不是我的职责"，放弃取悦所有人的想法。只有"抛弃"这些想法，你才能真正遇到值得交往的好朋友、好同事、好上司，他们欣赏的是真实的你，而不是因为为他们所做的自我牺牲。

第二，面对他人的请求，既要考虑自己是否真的有能力帮忙，又要考虑该请求的合理性。若一项请求能够同时满足这两个条件，那么我们可以伸出援手，可是，若无法满足，我们就必须想办法委婉拒绝。

第三，千万不要因为拒绝了他人的某个请求而产生后悔甚至自责的想法，因为，事情根本不会如你想象得那么糟糕。

总之，我们也许无法定义成功的秘诀，但一定要尽力避免失败的陷阱，过于在意他人的评价便是其中最致命的一项。因此，我们一定要学会自尊自爱，凡事问心无愧就好，要学会同自己握手言和。